KB239509

야생화
전통조경

야생화
전통조경

기의호 지음

초판 서문

〈야생화 주택 & 테마조경〉이란 책에 이어 두 번째 책을 내게 되었다. 1권에서는 현대적인 공간에서 생활하고 활동하는 이들에게 내 집 정원을 어떻게 하면 격조 높은 야생화원(野生花園)으로 꾸밀 것인가 하는 데 대한 방법론을 제시하였다. 이제 2권에서는 한국의 전통 건축물 내의 공간에 야생화 조원을 하는 방법에 대하여 기술하고자 한다.

한국의 야생화 조원 현상은 그리 보편적으로 나타나지는 않고 있다. 근간에 야생화와 자연 생태에 대한 관심이 급격히 증가하고 있는 것은 사실이지만 정작 야생화 조원에 대한 기초가 잘 갖춰지고 다져져 있는 정원은 그다지 눈에 띄지 않는다.

실제로 한국 전통 건축물(한옥, 고가, 초가집, 슬레이트집 등)들을 둘러싸고 있는 마당 또는 정원을 들여다보면 현대 건축물들이 들어앉은 공간의 미적 아름다움에 비해 턱없이 모자라고 나아가 황량하기까지 한 실정이다.

한국 조원문화의 특성은 자연에 순응하여 조화를 이루는 것을 근간으로, 인간 생활 주변을 융화시키는 데 있다. 정원에 우리의 야생화로 조원을 하여 즐거운 경관을 만들어 놓고 안식을 취하며 기능적 편의와 실용적인 이득, 정신적 사색, 그리고 신체적 건강을 도모하면 자연스러움과 멋을 동시에 확보할 수 있을 것이다. 그러므로 이제, 살고 있는 한옥에 야생화를 영접할 일이다.

일반적으로 한옥 등 전통 건축물에 있어 조원의 대상 또는 요소는 지형, 건물, 화계, 화목, 개울과 지당(池塘), 괴석, 조산(造山), 담장, 조형물 등이 있다. 이러한 요소들 주변에 야생화를 심어 모양을 낸다면 현대 건축물들에서 보이는 장면보다 몇 배 깊고 안정적인 경관을 얻을 수 있을 것이다. 그만큼 전통 건축물이 자아내는 아름다움은 자체로서도 빛이 나지만 야생화로 정원을 꾸미면 한결 돋보이게 될 것이다.

그러므로 본서에서는 이러한 전통건축물에 어울리는 야생화 조원 장면을 예시하고 분

석하여 건물의 외부공간을 여하히 조원해 나
아갈 방법을 제시하였다. 나아가 조원의 요소
들을 활용하여 부분적인 조원을 완성하고, 다
시 전체적으로 조화로운 장면을 연출할 수 있
는 기법과 요령을 기술하였다.

본서를 작성함에 있어 많은 어려움이 있었다.
우선 야생화의 매력과 특징에 대한 설명은 1
권에서 충분히 하였으므로 2권에서는 이에 대
한 중복을 피하고, 대신에 전통 건축물과 야
생화가 조화를 이루며 내는 소리를 들으려 하
였다. 그러나 전통 건축물이 내는 소리는 유
현하여 한갓 풀떼기들이 어찌해볼 수 없는 것
아닐까 하는 자성이 늘 따라다녔다. 그만큼 전
통 건축물이 갖고 있는 자연스러움과 아름다
움은 역사적, 실험적인 과정을 거쳐 정제되었
으나 야생화 세계는 그렇지 못한 터에 이 둘의
상호 교호작용을 감지하고 상승효과를 기획
하려 하였으니 쉬울 리가 없었던 것이다.

또한, 계절의 변화에 따라 달리 나타나는
야생화의 모습을 제대로 확인하지 못해 늘 미
완의 아쉬움을 갖고 있었는데, 실제로 기막히
게 멋진 연출을 하고 있는 정원에 들어가서 상
상으로 사계절의 맛을 느끼려 하였으나 그것
도 쉬운 일은 아니었다. 앞으로 이 점에 대해서
는 누군가에 의해 보완되었으면 좋겠다.

이번에도 이 책을 내는데 여러분들이 도움을
주었다. 문화재적 가치가 있는 전통공간의 주

인들이 문을 활짝 열고 응접해 준 데 대해서
는 참으로 감사한 마음이다.

이런 공간에 저자와 들어가 시종일관 호흡
을 같이 하며 야생화 조원에 대한 느낌을 사진
이란 또 다른 세계의 언어로 표현하기 위해 애
쓴 사진작가의 노고도 치하하지 않을 수 없다.

들꽃풍경 동호회원들의 조력은 심히 컸다.
다래님은 수시로 관련 야생화들에 대한 정보
를 취합하여 글이 매끄럽게 마무리되도록 지
원하였고 곰돌이, 유담, 바위솔님은 더욱 세련
된 사진을 제공하였으며, 파아란님은 글을 빛
내주는 관련 시를 게재할 수 있도록 시인들과
협조함으로써 글이 하나도 손상되지 않게 해
주었다. 그리고 항아님은 늘 가슴 졸이며 마음
으로 후원해주었다.

전국의 전통가옥 주인들이 이 책을 볼 수 있
으면 좋겠다. 그리하여 전통가옥의 역사성과
멋스러움에 야생화 조원이 접목되어 묵직함
을 잃지 않으면서 산뜻한 옷을 입었으면 한다.

야생화 식물원 '들꽃풍경'에서
기의호

차례

제 4 장 별서정원

제 5 장 기타 정원

제1장
한국 전통조경에
야생화 조원 접목하기

대개 주택의 외부공간을 실용적·심미적 목적으로 처리한 뜰이 정원인
데, 정원은 주거문화의 반영일 뿐만 아니라 한 사회와 시대의 생활문화
와 가치체계 및 예술이 총체적으로 결집된 장소이다. 그러니 전통가옥
이라 해서 흙마당을 고집할 일이 아니라 현대생활과 집주인의 취향에
맞게 정원을 가꾸어놓고 생활을 즐기는 것이 옳을 것이다.

서론

보통 집을 짓고 나면 정원을 어떻게 꾸밀 것인가 구상하게 된다. 아무래도 순서는 현재의 환경에 대한 분석을 먼저 한 후, 앞으로 조원할 정원의 모습을 그려보게 될 것이다.

전통적으로 우리의 주택은 배산임수(背山臨水) 자리에 앉아 있다. 뒤로는 깊거나 얕은 산이 배경을 이루고 집 앞으로는 너른 벌판이나 하천이 흐르는 모양새이다. 이러한 경관을 갖춘 곳은 지형적으로 경사가 생기게 마련이다. 경사진 대지는 입체감을 갖게 하는 요인이 되고, 이를 이용하여 자연스럽게 화계나 화단, 연못을 꾸미게 된다. 경사가 심한 곳에서는 석축을 쌓거나 2~3단의 자연석쌓기를 하게 되는데 이는 야생화 조원의 중요한 단서가 된다. 흔히들 돌쌓기 한 틈새에는 영산홍이나 회양목, 둥근주목, 사철나무 등을 심는다. 야생화 조원을 할 때에는 금낭화, 돌단풍, 기린초, 옥잠화, 산수국 등의 산야초목을 심어 가급적 자연 상태의 장면을

연출하게 된다.

*

위와 같은 입지조건에 맞는 한옥을 짓고 나면 이에 어울리는 조경이 필요한데, 야생화로 조원을 한다면 문제는 그리 간단하지 않다. 최근 현대식 건물에 표현되기 시작한 야생화 조경은 잘 어울리는데 비해, 한옥 건물에 야생화 조원을 하는 것은 일

견 궁합이 맞는 듯도 보이나 어려운 문제다. 사례도 적고 관련된 연구실적이나 모델도 흔하지 않기 때문에 한옥에 사는 이들은 스스로 개념을 정립하여 표현할 수밖에 없는 실정이다.

이에 현대식 주택의 야생화 조원에 관한 내용을 주제로 삼았던 지난 1권에 이어, 본 2권에서는 한옥 형태의 전통주택이나 상업공간에 어울리는 야생화 조원을 주제로 삼았다.

전통적인 조원개념   2

헤르만 헤세는 〈정원 일의 즐거움〉에서 '즐거운 정원'에 대해 다음과 같이 말하고 있다.

『이 작고 선한 정원이 놀랍게도 우리에게 색다른 생각과 여운을 선사한다. 정원을 꾸미면서 느끼는 창조의 기쁨과 창조자로서의 우월감이 그것이다. 사람들은 한 뙈기 땅을 자신의 생각과 의지대로 바꾸어 놓는다. 작은 꽃밭, 몇 평 안 되는 헐벗은 땅을 갖가지 색채의 물결이 넘쳐 나는 천국의 작은 정원으로 만들 수 있는 것이다.』

조원이란 이를 통하여 즐거운 경관을 만들어 놓고 안식을 취하며, 기능적 편의와 실용적인 이득, 정신적 사색과 신체적 건강을 얻기 위한 것이다. 그러므로 일관된 개념을 설정해 놓고 여기에 맞는 요소들을 구비하면 된다.

일반적으로 전통건축물에 있어 조원의 대상 또는 요소는 지형, 건물, 화목, 개울과 지당(池塘), 괴석, 조산(造山), 담장, 조형물 등이다.

이러한 조원의 요소들은 조영적 구상에 의하여 하나의 공간 속에서 서로 조화를 이루면서 종합적, 기능적으로 배치된다. 조원을 구상하여 설계하고 시공·관리하는 데에는 건축이나 토목과는 다른 종합적인 예술성과 기술성이 필요한 것인데, 야생화 조원에 이르러서는 더욱 그러하다. 헤세의 말처럼 창조의 기쁨과 창조자로서의 우월감을 느끼지 않을 수 없게 된다.

문화의 모태는 자연이다. 자연 여건에 따라 한 나라의 조원양식이 달라진다. 한국의 자연관을 보면, 한국인에 있어서 가장 아름다운 것은 자연이다. 한국의 자연은 산과 들과 강과 바다가 변화 있게 전개된다. 봄의 신록과 화사한 꽃의 개화, 여름의 무성한 녹음, 가을의 단풍과 탐스러운 결실, 겨울의 적막함, 나무의 고독과 설경, 따뜻하고 무덥고 시원하고 추운 온도의 변화, 맑은 하늘 등은 정말로 아름답다. 그래서 한국의 조원문화는 이 자연의 아름다움에 인공의 구조물이 조화를 이루

도록 하였다. 한국인에 있어서 인공의 미는 자연의 미에 비하여 속되고 부수적인 것이다.

한국인의 삶의 철학은 자연의 순리에 순응하여 사는 것이다. 농경산업시대, 24절기를 잘 알아서 자연의 순리에 따라 부지런히 일하면 자연은 성실한 결실을 가져다주었다. 그리하여 한국인은 자연의 순리를 거역하려 하지 않았으며 자연의 순리에 순응하는 문화를 형성하였다.

한국인에 있어서 가장 영원한 것, 미더운 것은 자연이며 가장 안식을 주는 것도 자연이었다. 불교의 절이 산 속에 있고 기독교의 기도처가 산 속에 마련되기도 하는 이유가 그것이다. 한국의 자연은 한국인의 신앙이다. 산신단이나 성황당, 부락 제단이나 계림 같은 신림(神林)이 방증 자료이다. 즉, 한국 조원문화의 특성은 자연의 순리에 순응한, 자연과의 조화를 근본으로 하여 인간 척도에 기준한 인간과의 조화를 중시하는 데 있는 것이다.

한국의 전통적 조원 요소 - 야생화 조원의 대상 3

야생화 조원의 대표적인 공간 중의 하나인 희원에 가면 전통 조경사상에 현대적 의미를 부여한 장면을 돌아볼 수 있다. 희원은 단순히 기존 정원을 베끼는 차원을 넘어 전통의 모티브를 재해석하고 있다는 점에서 미래지향적 한국정원의 출발점이다. 각 장치를 배치하고 정원을 둘러싼 풍경과 조화시킨 것은 작가의 현대적 해석에서 나온 것이다.

희원에는 전통성과 현대성이 공존한다. 설계를 할 때면 이곳의 옛 지도를 가져다 두고 훼손된 경관을 되살려나가는 데 주안점을 두었다. 원래 언덕이었던 곳은 다시 언덕으로 만들어 주는 식이다. 한국정원의 키워드인 차경(借景)을 제대로 구현하기 위한 것이다.

희원의 중심인 주정(主亭)에 서서 앞쪽을 향하면 담이 보이지 않는다. 담을 일부러 낮게 배치해 앞에 펼쳐진 호수와 산의 풍경이 정원과 이어져 보이도록 했다. 정원과 자연의 경계를 흐려둔 것이다.

이곳에서 정원은 자연으로 확장되고, 자연이 정원으로 들어온다.

이렇듯 전통정원에서는 자연과 지세 및 조원건축물을 고려하여 자연스럽게 조화되도록 화목을 심는다.

지세

한국의 집터잡기에는 한국인의 자연숭배사상과 음양오행사상, 천지인의 삼재사상, 유교사상, 도교사상, 불교사상, 풍수지리사상 등이 큰 영향을 끼쳤다. 그 중에서 가장 큰 영향을 끼친 것은 음양오행사상과 풍수지리사상이다.

음양오행사상에 있어 오행이란 다섯 가지 원기 또는 만물의 다섯 가지 정기를 말하는 것으로 화, 토, 금, 수, 목이 그것이다. 오행설은 토를 중심으로 화, 토, 금, 수, 목이 서로 상생과 상극을 하는 유기적이고도 구성적인 성격을 갖고 있다. 화가 금

을 녹이면 금은 수를 낳는다. 수가 화를 멸하고 이에 보답한다. 화는 토를 낳고 토는 수를 해하니 능히 막을 수 없다. 오행이 상위하는 소위(所爲)는 천지의 성(性)이다. 중(衆)은 과(寡)를 이기는 고로 수는 화를 이기게 된다. 정(精)은 견(堅)을 이기는 고로 화는 금을 이긴다. 이것이 오행의 상극관계이다. 오행은 특정한 방향과 색 등을 의미하게 되며 이를 의미하는 바가 조원을 하는데 적용되어 방향을 정하는 데 쓰이게 된다.

북송의 성리학자 주돈이(1017~1073)는 오행설을 음양설과 결합하여 자연의 현상을 완전히 설명할 수 있는 이론을 유학적으로 정리, 〈태극도설〉로 만들었다. 즉 태극이 음과 양이 되고 음과 양이 변하고 합쳐져서 수, 화, 목, 금, 토가 되며 여기서 만물이 생성하는 것으로 보았다. 이러한 음양오행사상은 인간은 대지에 매여 있는 운명적 존재가 아니고 인위적으로 얼마든지 선택할 수 있다는 이론적 근거

를 마련하게 되었다. 살아갈 터전을 선택함에 있어서 산의 형태와 방향에 오행의 가치를 부여하고 이것들의 상생상극의 관계를 이용하여 오행적 요소의 작용을 판단하고자 하였다.

풍수지리설은 크게 두 개의 원리를 바탕으로 성립되었다. 하나는 천지정기설이고, 하나는 인체감응설이다. 천지정기설은 천지에는 살아서 움직이는 정기로 충만해 있어 이 정기는 산맥을 타고 지하로 흐르고 또 바람과 물에 실려 유동하고 있다는 것이다. 천지간의 정기는 모든 땅에 고르게 나타나는 것이 아니고 어떤 곳에는 짙고 강하게 어떤 곳에서는 유약하게 또 어떤 곳에서는 나쁜 악기로 흐르고 있다는 것이다. 인체감응설은 이러한 천지간의 정기에 인간은 감응할 수 있는 능력이 있다는 것이다.

풍수이론은 상지(相地) 이론이라 할 수 있다. 터를 잡는데 고려하는 조건은 산과 물과 방향의 셋으로 나눌 수 있다. 좀 더 상세하게 분류하면 간룡, 장풍, 득수, 점혈, 좌향의 다섯 개로 집약된다.

풍수설에서는 산을 용이라 하여 산의 형태를 살피는데 산에는 생룡, 사룡, 귀룡, 천룡이 있으며 오행에 따라 산의 형태를 구분하기도 한다. 이중에 지기가 가장 왕성한 산을 택하는 것이 풍수설의 요체이다.

천지간의 정기는 바람을 타고 운행하는 정기를 모으는 방법이 장풍법이다. 바

람이 실어온 정기를 막지 않고 또 흩어지지 않게 하는 장풍에 필요한 장치가 현장 주위에 있는 산이다. 즉 사신산으로 현무, 주작, 청룡, 백호와 조산, 안산 등이다.

•

장풍과 함께 득수도 중요하다. 물은 바람보다 짙은 물질임으로 물이 실어오는 정기는 바람에 실려 오는 정기보다 강하다고 한다. 그래서 득수를 장풍보다 중요시하였다. 성국(成局)상 흘러들어오는 물을 득이라 하고, 흘러나가는 물을 파라 하는데 흐르는 물의 방향, 장단, 완급, 활협(闊狹), 곡절, 요포(繞抱) 등이 득수법의 내용이 된다.

점혈법은 어느 지점이 정기가 가장 왕성하게 모인 곳인가를 판단하는 것을 말한다. 상지에 있어서 화룡점청 같은 요긴한 장소를 선정하는 것이다.

좌향은 대개 12방위로 나눈다. 좌향이란 혈의 위치에서 바라본 방위를 말하는 것으로 혈의 뒤를 등진 방향을 좌로 하여 혈의 정면을 향으로 나타낸다. 이 때 결정되는 좌향은 꼭 하나뿐이다. 좌향을 갖기까지 검토되는 향은 절대향과 상대향으로 구분된다. 전통입지에서 방향은 좌향으로 구분된다. 이는 오행, 팔괘, 십간, 십이지를 결합한 것이다.

절대향은 태양의 운행에 의해 결정되는 향, 시간성을 내포한다. 태양의 남중방위는 일정하여 이에서 동서남북의 방위가 결정된다. 태양의 운행에 의한 일조 일사 효과, 지역에 따른 계절풍과 기후여건에 의하여 결정되는 물리적 특성과 이에 관련된 사상적 의미가 부여된다.

청룡은 목, 즉 동방이며, 백호는 금, 즉 서방이고, 주작은 화, 즉 남방이며, 현무는 수, 즉 북방에 배속시킨다. 상대향은 땅에서 출발하여 사회상을 반영하고 지표의 경사, 지맥의 방향 등에 의하여 결정된다. 지형상 시계가 열리는 곳으로 이곳저곳의 관계가 감각적으로 확인되고 폐쇄와 개방감 등과 관련된다.

산을 바라보는 향천적인 것이나 물을 바라보고 산을 등진 배산임수 하는 방향 설정이 이루어진다. 이러한 음양오행사상과 풍수지리사상은 통일신라시대부터 도선국사에 의하여 정립되었으며 고려, 조선을 이어오면서 사회전반에 확산되어 생활화되었다.

조선시대의 성리학자들은 주돈이의 영향을 받아 음양오행의 풍수지리사상에 더욱 심취하였다. 그리하여 한국의 조영물은 자연과의 조화를 근본으로 하여 조성되기에 이른다. 모든 조원의 터잡기에서도 자연을 생명체로 보아서 지세를 허물지 않고 조영하였다. 자연의 지세가 허한

곳이 있으면 인공으로 비보(裨補)하였던 것이다.

터를 잘 잡아놓으면 건축물을 앉히기가 용이해진다. 여기에 야생화조원을 하면 가장 잘 어우러진 경관을 표현할 수 있게 되는 것이다.

조원(造園) 건축물

야생화 조원은 건축물의 쓰임새에 따라 행랑채, 사랑채, 안채 등에 딸린 부속정원으로 관리되거나, 위치에 따라 건물의 앞정원, 뒷정원, 옆정원으로 구분이 된다. 조원 공간 속에는 문, 대(臺), 루(樓), 각(閣), 정(亭), 당(堂), 재(齋), 헌(軒), 관(館), 전(殿), 사(詞), 엄(广), 낭(廊)과 같은 유형의 건축물이 건립되는데, 이들이 차지하는 공간에 조원을 하면 건축물이 가지는 각각의 성격에 따라 모습이 달라지게 된다.

•

문(門)이란 공간의 영역을 표시하는 구조물로서 내외의 상징성을 갖는 건축물이다. 목조로 짜여진 것이 대부분이지만 전축으로 된 것과 석축으로 된 것도 있고, 싸리문도 있다. 왕궁의 궁문이나 성곽의 성문은 문루의 형태를 하고 있다. 담과 담 사이의

통로를 연결하는 작은 협문들은 조원공간을 깊고 은밀하게 만들어준다. 문의 형태는 검은 벽돌로 쌓은 원형의 만월문도 있고 한 개의 돌을 ∩형으로 다듬은 창덕궁 후원 같은 불로문도 있어 다양하다. 또 우리나라 전통건축에 달린 문에는 창호지를 발라 출입문과 창문을 겸한 문의 형식을 하고 있다. 꽃 모양이나 동식물, 인물 등을 묘사한 투각장식 문살과 정자형, 격자형 등 기하학적 문양을 한 문살이 있다. 이들 문살은 난간과 함께 전통건축의 아름다운 장식효과를 높여준다.

대(臺)라는 것은 흙을 견고하게 높이 쌓아서 그 위에 사람이 올라가 주변 경관을 구경하는 것으로 사람의 하중을 지탱할 수 있다. 어떤 것은 돌로 쌓은 위에 평판을 깔고 지붕을 얹기도 한다. 누각의 앞면에 일보 정도 튀어나오게 하여 개방시켜 놓은 것도 있다. 첨성대, 관천대는 천문을 관찰하는 대이다. 부여 백마강가에는 자온대, 조룡대, 천정대, 희녀대 등이 있고 북한산성의 동장대, 서장대나 남한산성의 수어장대 등은 적을 감시하는 대와 통신시설인 봉수대이다. 경치를 구경하는 자연 산봉의 대도 많은데, 경포대는 경관을 구경하는 누각 형식의 대표적인 대이다.

루(樓)는 중첩하여 지은 집을 말하고 각(閣)은 루와 같은 높은 건물이다. 정(亭)은 경치 좋은 곳에 휴식하기 위하여 건립한 집이다. 이규보가 〈동문선〉에 쓴 사륜정기를 보면 정자의 기능에 대한 이야기가 있다.

『여름에 손님과 함께 동산에 자리를 깔고 누워 자기도 하고, 혹은 앉아서 술잔을 돌리기도 하고, 바둑도 두고, 거문고도 타며 뜻에 맞는 대로 하다가 날이 저물면 파하니 이것이 한가한 자의 즐거움이다. 그러나 햇볕을 피하여 그늘을 찾아 옮기느라 여러 번 그 자리를 바꾸게 되므로 그때마다 거문고, 책, 베개, 대자리, 술병, 바둑판이 사람을 따라 이리저리 옮겨지므로 잘못하면 떨어뜨리는 수가 있다.』

필요한 도구를 실은 채 쉽게 옮겨 다닐 수 있도록 하겠다는 것이 사륜정기의 요지이다. 참으로 기발한 착상이다.

정자는 자연을 즐기는 가장 친근한 건물이다. 그러기에 자연에 동화되고자 하는 한국 사람에게는 가장 조원적인 대상이다. 우리나라에서는 예부터 산과 들, 강의 절경에 정자를 많이 지었다. 연못가나 산마루, 언덕 위나 집 뒤뜰의 한적한 공간에 주로 배치한다. 평면은 정사각형이 가장 많고 그 다음이 장방형, 육각형, 팔각형, ㄱ자형, 정(丁)자형, 다각형, 부채꼴 등으로 이런 형태는 왕궁이나 관아 내에 많이 있다. 정사각형의 정자로 아름다운 것은 창덕궁의 애련정, 태극정, 승재정, 농수정, 괘궁 등이 있다.

당(堂)은 정침(正寢)의 건물을 말한다. 대개 중앙칸에 대청이, 양쪽에는 방이 있는 구조의 집이다. 창덕궁 후원에 있는

영화당이나 가정당, 도산서원의 전교당이나 옥산서원의 독락당 등이 속한다.

재(齋)라는 건물은 선비들이 수신하는 간결한 집으로 대체로 방과 마루가 있으며 외진 곳에 한적하게 건립되어 있다. 재는 당과 달리 정신을 수습하게 하는 곳으로 숙연함과 경건함을 갖도록 한다. 일반적으로 숨어서 수신하고 은밀하게 처신하는 곳이기 때문에 그 양식이 활짝 펼쳐지거나 눈에 잘 뜨이는 것은 좋지 못하다.

이와 반대로 헌(軒)은 높고 활짝 트인 장소에 드러나게 건립한 집이다. 헌의 양식은 옛날의 수레와 유사하여 높은 곳에 올라 의기양양하다는 뜻을 가지고 있다. 그러므로 높고 활짝 트인 장소에 건립하여 빼어난 경치에 보탬이 되게 한다.

관(館)이란 건물은 임시 거추하는 건물이었다. 객관이 그것이다. 요즘 말하는 여관과 같다.

전(殿)은 왕이나 왕비 또는 선왕과 대비가 거처하는 궁 과 왕과 왕비의 신위와 영정을 모신 집을 말한다.

사(詞)는 사대부의 가묘와 공적으로 찬양해야 할 충신열사의 신위를 모신 사당과, 서원에 학덕이 높은 학자의 신위를 모신 사당이 있다. 가묘를 두는 것은 성리학이 들어와, 주자가례에 의해서다. 최초의 가묘는 고려 말 정몽주에 의해 집안에 세워졌다.

엄(广)은 바위를 의지하여 반 지붕의 형태로 지어진 눈썹 집이다. 대개 바위의 형세를 이용하여 형태가 이루어지나 완전한 집의 모양을 이루지 못한 가옥을 엄이라 한다.

낭(廊)이란 정단 좌우와 중문에서 시작하여 외곽을 둘러 서있는 긴 건물이다. 때로는 집과 집 사이를 연결하여 굴곡을 이루거나 갈지(之)자를 이루기도 한다. 이렇게 아름다운 건축물들을 빛나게 하기 위해서는 집안의 정원을 야생화로 조원하는 것이 제격이다.

마당

우리나라의 마당이란 의미는 주로 추수와 같은 경제적인 활동이나 잔치를 벌이는 장소로 이용되어 왔다. 여름밤에 멍석을 깔고 옥수수를 쪄먹으며 별을 보다 즐기도 하는 교류의 장이기도 하다.

마당에는 건물의 기능을 보완하는 다양한 기능이 있기 때문에 명칭은 일정한 기능이나 장소의 이름을 따른다. 건물 안쪽 마당에는 바깥마당, 행랑마당, 사랑마당, 중문간 마당, 안마당, 앞마당, 옆마당, 뒷마당 등으로 구획되어 있어 각기 다른 형태와 모양의 정원을 갖추고 있다. 그러나 사랑마당이나 별당마당, 안마당을 제외하고는 근본적으로 정원이라기보다는 활동공간의 일부분으로서의 기능만 한다.

서민주택에서는 앞마당이 주가 되고 규모가 다소 더 큰 경우에는 뒷마당을 두어 타작마당으로 사용하였다. 그러나 중류주택의 마당은 독립된 건물이 늘어나 앞마당, 뒷마당, 옆마당 등 몇 개의 마당으로 나누어진다. 기능은 서민주택과 별 차이가 없으나 앞마당이나 옆마당에 채소밭을 만들거나 과실수를 심고 사랑마당에는 화초를 심어 조경의 개념이 나타난다.

상류주택의 마당은 행랑채, 사랑채, 안채, 별당, 사당 등으로 건물이 나누어져서 담장과 건물들 사이에 행랑마당, 안마당, 사랑마당이 구획되면서 사랑마당, 별당마

당, 안마당에 조경다운 경관이 나타난다. 사랑마당에는 주인의 취향이나 품격에 따라 배롱나무, 목단 등의 나무를 심고 괴석을 심은 석분을 몇 개 배치하기도 한다. 또는 연못을 파거나 연못을 팔 수 없는 자리에는 석련지(石蓮池)를 설치하여 연을 키우기도 하였다. 별당의 앞마당은 꽃이 화사한 과수 등을 심었다.

•

마당은 그곳을 보고 즐기기 위한 공간으로 꾸며질 때 여러 요소들이 첨가된다, 문, 담장, 굴뚝을 비롯해 괴석, 석조(石

槽)와 같은 석물이나 연못이 더해진다. 후원에는 화계(花階)도 설치한다.

배산임수의 터에 자리한 경우 후원은 언덕이 된다. 이 언덕에 장대석이나 자연석을 쌓아서 계단형식의 화단을 만들었는데 이를 화계라 한다. 화계에는 화초와 키 낮은 과수를 심었다. 이렇듯 마당은 조경을 하는 공간으로 활용되어 왔으며 한국의 전통적 형태의 모양을 이루며 발전해 왔다.

마당에 조경을 할 때 환영받는 식물의 등급은 세조 때의 강희안이 지은 〈양화소록(養花小錄)〉에 잘 나타나 있다. 강희안의 화목 9등품에 의하면 1등급에는 높은 운치, 2등급에는 부귀, 3·4등급에는 운치, 5·6등급에는 화려함, 7~9등급에는 장점을 나타내는 수종을 들고 있다. 수목을 선정할 때에도 품격과 상징성을 중요시했던 것이다. 이러한 조경식물의 특징으로 주로 낙엽 활엽수, 대부분이 화목이나 과목, 중간 크기의 나무나 관목, 초화류가 많이 사용되었다.

일상생활에 필요한 지식과 화류(花類)와 목류(木類)에 관해서 집대성시킨 문헌은 숙종 때의 홍만선의 〈산림경제〉와 조선 말의 서유거의 〈임원십육지〉가 있다. 여기에 따르면 수목을 심을 때 음양의 조화를 중요시하여 중정(中庭)에는 큰 나무를 심지 말고 꽃을 가꾸어 음을 취하라 하고 집

주위에는 울창한 소나무와 대나무가 있으면 좋다고 하였다. 또 풍수지리를 준용(準用)하여 동쪽에 복숭아나무와 버드나무를 심고 남쪽에 매화와 큰 대추나무를, 서쪽에 치자나무와 느릅나무, 북쪽에 벚나무와 살구나무를 청룡, 백호, 주작, 현무에 대신 심는 것이 좋다 하였다.

대나무

매화

전통조원

한국의 조원 속에 배치된 화목은 기본적으로 자연의 순리를 존중하여 전지하거나 인공적 기교를 가미하지 않았다. 이는 상록수가 많은 일본과 비교해 아열대성 수목이 대부분인 기후의 영향도 컸다.

전통적으로 문 앞에는 회화나무, 대추나무를 심고 정원에는 화초류를 심되 거수를 피했다. 우물 옆에는 복숭아나무를 심지 않았고 집안에 무궁화나 상록수를 심지 않았다. 동쪽으론 복숭아, 버들, 서쪽은 뽕나무, 대추나무, 치자나무, 북쪽은 느릅나무, 벚나무, 살구나무, 북동쪽에는 대나무를 심는 등 상징성과 생태의 차이에 따라 심는 장소와 방향을 달리했다. 성균관, 향교, 홍문관, 주합루 등 정형화한 제례·의례 공간에는 같은 수종의 나무를 쌍으로 심어 엄숙함과 장중함을 더했다.

수종에 따라 나무 자체가 상징성을 가진 것도 있다. 은행나무는 공자와 연관된 것이라든지, 괴목은 느티나무와 회화나무를 말하는데 왕궁과 관련이 있는 나무라든지 하는 것이다. 그래서 은행나무는 문묘와 향교, 서원, 유학자의 공부하던 곳에 많이 심었고, 괴목은 왕궁 궁문 안에 많다. 괴위(槐位)는 삼공(三公)의 자리를 상징하는 것이며, 괴신(槐宸)은 왕궁을 상징하는 것 모두 그러한 연유에서이다.

강희안은 〈양화소록〉에서 화목의 품격도 논하고 있다. 조선의 선비들은 송, 죽, 매, 란, 국, 연을 좋아하였다. 민가에서는 감, 대추, 모과, 배, 살구, 밤, 포도 등 과일나무를 선호하였다. 과일나무는 조상의 제상에 올라가는 제과와도 관련이 있다. 화목은 그 지방의 기후와 토질에 맞는 것이면 다 좋은 것이다. 수형에 있어서는 직간으로 자라는 수형보다는 사간으로 자라는 수형을 좋아하였다. 배식에 있어서는 자연스러운 배식을 하였는데 길가에 심은 경우 바위는 담장이나 어떤 구조물과 조화를 이루어 심은 것과, 화계나 단을 조성하여 심은 것이 있다.

원림을 조성함에 있어서는 사람이 심었으나 인공적이지 않은 배식을 좋아하였다. 연못 속의 섬에는 소나무나 대나무, 백일홍 같은 것을 심기도 하였고, 종묘나 묘역의 연못 속 섬에는 향나무를 심은 것도 있다. 제사와 관련된 곳에는 향나무를

연

모란

심었으나 민가의 마당에는 배식하지 않았다. 화목에 있어서 수림을 조성하는 것을 좋아하였으며 화초나 일년초의 화단은 좋아하지 않았다.

〈삼국사기〉와 〈삼국유사〉에 기록된 수목들은 느티나무, 버드나무, 배나무, 잣나무, 모란, 매화, 오얏꽃, 복숭아꽃, 소나무, 대나무, 산수유, 철쭉, 차나무, 인상, 은행나무, 뽕나무, 박달나무 등이 있다. 특히 조선시대 조경과 관련된 문헌들에는 화목의 기르는 방법과 품평, 괴석에 대하여 기록되어 있다.

⋅

〈양화소록〉에는 화목의 기르는 방법과 품평, 괴석에 대하여 기록하였고, 〈지봉유설〉은 이수광이 쓴 책으로 미화, 모란, 장미, 영산홍, 동백, 창포, 오죽 등 19종의 화훼에 대한 기록이 수록되어 있다. 방홍생이 쓴 〈촬요신서〉는 화목과 목본의 재식 시

기와 접목 관리요령 등이, 허균이 쓴 〈한정록〉 치농편에 택지 정하는 것과 식수, 양어에 대한 방법을 기록하고 있다. 홍만선이 쓴 〈산림경제〉는 농가의 백과사전 같은 책인데 꽃을 기르는 방법 등이 기술되어 있다. 〈색경〉은 박세당이 쓴 농서인데 과수와 원예에 대한 내용들이 수록되어 있다. 〈택리지〉는 이중환이 쓴 인문지리서로 복거총론에 사람이 살 수 있는 여건을 지리, 생리, 인심, 산수로 구분하여 설명하고 있다. 그 밖에 신경준의 〈순인화훼잡설〉,

이재위의 〈물보〉, 유희의 〈물명보〉, 서유규의 〈임원경제지〉 등이 화목에 관한 내용을 담고 있다.

·

수, 천(泉), 지당(池塘)도 조원에 한몫하는 요소다. 한국의 모든 조원 공간 속에는 샘이 있다. 물은 흐르고 고이고 넘치는 것이 순리이므로 개울을 만들거나 폭포를 만들고 연못을 만들었다. 정(井)보다는 천(川)

을 구하였고 천이 솟아야 생명이 있는 지세로 보았다. 샘이란 고대부터 사람의 생명을 유지시키는 가장 기본적인 물의 공급처이기에 중요하게 여겼고 신령스럽게 보호하였다. 개울에 물을 막아 소, 담을 형성하거나 인공적인 연지를 만들기도 했다. 지당은 직선과 곡선을 이용한 것이 기본인데 경주 안압지는 직선과 곡선의 절묘한 배합을 시현하고 있다. 월성의 해자에서는 지형에 따라 다각형의 못을 성 둘레에 연속적으로 조성하기도 하고, 백제의 부여 정림사

지 앞 연지는 방형이다. 방형은 조선시대에 와서 연못 형태의 기본을 이루었다. 서양처럼 하늘을 향하여 쏘아 올리는 분수는 만들지 않았다. 이는 자연의 순리에 어긋난 것으로 보았기 때문이다.

·

괴석은 고려 이전까지 돌부리를 지맥에 묻어 평(平)치, 군(群)치, 첩(疊)치, 특(特)치 등의 기법으로 배치하였다. 평치는 한 면만 좋은 돌을 흩어놓은 기법이며, 군치는 여러 개의 돌을 모아 놓은 기법으로 작고 큰 것의 조화가 요구된다. 첩치는 여러 개의 돌을 포개놓은 것을 말한다. 특치는 어떤 면에서 보아도 아름다운 돌을 하나만

놓은 것을 말한다. 우리나라의 자연석 놓는 기법은 세우는 것보다는 눕혀서 안정감을 주는 데 특색이 있다. 조선시대에 오면 석분 위에 괴석을 심어서 배치하는 것이 유행하였다. 이 괴석은 경(景)석 같은 기능으로 삼신산을 상징하고 있는 것이 많다.

축경(縮景)식의 상징주의 조원에는 조산이나 가산(假山)이 많이 조성되었다. 신라의 동궁 원지인 안압지는 축경식 원(園)으로 무산 12봉의 가산이 조성되어 있다. 별서나 민가의 연못에도 무산 12봉이 조성되기도 하였다.

한국의 원에 있어서 자연의 원림 속에 담 하나 둘러치면 원내(苑內)가 되었다. 담은 대단히 중요한 구역 개념의 구조물이다. 담에는 돌담, 흙담, 바자울, 꽃담, 전담 등이 있다.

·

우리나라는 담의 축조에 있어 경사지는 직각으로 꺾어서 단을 지워 조성하였고 민가나 사찰, 서원에는 다듬은 돌로 담을 조성하지 못하도록 하였다.

원(苑)의 기물로는 수조(水槽), 석상(石床), 물레방아, 단(壇), 대(臺) 등이 배치되기도 하였다. 그리고 연지 속에는 배를 띄우기도 하고 조각물이 배치되기도 하였다.

보도(步道)는 지형에 따라 설치하였다. 계단을 만들거나 인위적으로 산세를 허물고 길을 내는 것은 좋아하지 않았다. 직선보다는 굴곡진 길이 많고, 넓었다가 좁아지는 변화를 주는 등 지형에 맞게 조성되었다.

정원의 구성 4

정원을 분석하려면 먼저, 정원이 생긴 모양을 감안해야 한다. 정원의 모양은 그야말로 각양각색으로 주택의 앉음새와 관련해서는 더 많은 종류의 형태가 나타난다.

정원은 자연스럽게 주택에서 대문으로 나아가는 방향의 앞, 옆, 뒤에 형성이 된다. 우선 앞정원은 대문을 들고 날 때마다 자주 마주치게 되는 공간이다. 솟을대문에 걸어놓은 빗장을 열고 육중한 나무 대문을 들어서면 안마당이 보이고 그 안으로 들어가면서 사랑채, 중문, 안채, 사당 등이 차례로 나타난다.

•

대문을 들어서서 현관으로 가는 길은 하루에도 몇 번씩 접하는 길목이다. 이 길은 모든 연령대의 가족들이 지나다닌다. 아침에 이 길을 지나면서 느낀 상쾌한 기분은 대문을 나서서 하루 일과를 보내는 내내 즐거운 마음이 일게 할 것이다. 저녁에 대문

을 들어서서 이 길을 따라 처소로 들 때면 자신도 모르는 사이에 안온한 심사가 들고 하루의 피로가 싹 가시게 하면 좋을 것이다.

이 길을 따라 걸어가면서 보이는 정경들이 각각 예술적인 분위기를 자아내면 좋을 일이다. 앞은 트여서 시원하되 마당 저 편에 있는 한식 건물의 처마는 목련 등 교목의 이파리 사이로 드는 연두색 햇빛을 받아 그윽해 보이고, 집 뒤의 후원으로 들어가는 입구를 형성하는 옆정원은 보는 이로 하여금 뒤편의 비밀스런 정원을 상상케 하면 좋을 일이다.

전통적으로 앞정원은 담 옆에 몇 그루 정원수를 심어두거나 둥근 모양의 화단에 작약이나 모란 등을 심어 두는 것 외에는 흙마당을 두었다. 이러한 현상은 어느 집을 둘러보나 마찬가지여서 정갈하게 보이기도 하지만 집안에 온기가 없게 만드는 요인이 되게도 한다. 한국의 집들은 난방을 위해 문을 적게 두었고 그러다보니 집이 어두워서 마당의 난반사 효과로 조금

과꽃

봉숭아

이나마 집을 밝히려고 맨마당을 두었다고 한다. 요즘에야 단열재나 난방기술이 좋아 창도 커지게 되었고, 집주인마다 개성이 강한 조원을 하다보니 전통적 사고에

따른 정원의 모습은 찾아보기 어려워졌으나 그래도 전통적인 가옥에서는 이 같은 모양의 정원을 고수하고 있다.

•

전통가옥에서도 들꽃과 들풀로 가득 찬 마당을 꿈꿀 수 있다. 남향으로 난 대문을 들어서서 왼쪽 담 모퉁이로 가면 그늘지고 축축한 땅이 나온다. 여기에 들꽃인 괭이눈과 큰천남성을 심어두면 깊은 산중의 맛이 나와 집안에 사색적인 분위기가 흐르게 할 수 있다. 햇빛이 잘 드는 오른쪽 모퉁이에는 과꽃, 분꽃, 봉숭아를 심어 애들 손톱에 봉숭아물을 들여 주고, 허리를 구부려 분꽃에 코를 들이밀어 향기를 맡으면

옛 추억에 가슴이 두근거리기도 할 것이니 젊게 사는 비결이 이 안에 있는데 무엇을 마다할 것인가.

•

대개 주택의 외부공간을 실용적·심미적 목적으로 처리한 뜰이 정원인데, 정원은 주거문화의 반영일 뿐만 아니라 한 사회와 시대의 생활문화와 가치체계 및 예술이 총체적으로 결집된 장소이다. 그러니 전통가옥이라 해서 흙마당을 고집할 일이 아니라 현대생활과 집주인의 취향에 맞게 정원을 가꾸어놓고 생활을 즐기는 것이 옳을 것이다.

야생화 조원을 할 때에는 다음과 같은 절차를 밟으면 좋다. 우선, 키가 큰 교목류보다는 꽃이 피고 키가 작은 화목류를 선택한다. 교목류는 가격도 비쌀 뿐만 아니라 옮기고 심는 데는 전문적인 기술이 필요하다. 예를 들면 수수꽃다리(라일락)와 같은 화목류는 교목이나 관목의 중간크기 정도여서 옮기기 쉽고 아름다운 꽃과 향기를 가지고 있어 정원에 심어두고 즐기기에 좋다.

•

다음, 야생화를 적절히 사용하여 무수한

변화를 엮어내는 것이 좋다. 교목이나 관목보다는 야생화의 종류가 많으므로 꽃의 색이나 전체의 질감을 잘 섞어서 심으면 정원이라는 캔버스에 그림을 그리는 것과 같은 즐거움을 누릴 수 있을 것이다.

전통건축에서 후원은 일반적으로 아기자기하게 꾸민다. 모란과 작약으로 가득 채우면 마루에서 내다보이는 뒷마당이 매우 아름답고 수수꽃다리 하나 심어두면 향기가 진동할 것이다.

작약

수수꽃다리

야생화 조원

생겼고 자재와 방법면의 개량으로 인해 정원의 개념이 조망과 즐거움을 주는 공간으로 확장되었다.

한국의 전통 건축물과 야생화 조원은 여러 가지로 궁합이 잘 맞는다. 자연스러움이나 아름다움, 역사성이나 예술성, 그리고 오래 신어 온 고무신짝 같은 편안함이 다 같이 배어 있는 것이다. 그러므로 이 둘의 결합은 예정되어 있었던 일이고, 발현시켜야 할 때가 온 것이다.

전통 건축물에 있어 야생화 조원을 할 지역은 많다. 담의 안팎, 행랑마당, 안마당, 사랑마당, 별당마당 등을 각각 특징적인 조원으로 꾸미고 이들을 일관된 개념으로 조화시키면 생활은 한결 밝고 윤기를 띠게 될 것이다.

전통조경에 있어서 야생화 조원이란 개념은 따로 없었다. 위에서 살펴본 바와 같이 선조들은 유교적 사상과 풍토에 따라 마당에 나무와 돌과 물을 즐겨 썼다. 이 과정에서 사용되던 일부 야생화는 어디까지나 부제였지, 절대로 주제로 대우를 받을 수가 없었다. 그러나 현대인의 생활은 과거와 많이 달라졌다. 주택의 외부구조에 변화가

제2장

주택의 정원

배롱나무의 붉은 꽃은 마가 끼어들지 못하게 하고 반송은 선비의 품격을
잃지 않도록 경계한다. 접시꽃은 임금을 그리워하는 마음이며, 옥잠화는
이곳에 사는 이들이 맑은 향기를 내도록 훈계하고, 국화는 만고에 이름
을 날리도록 독려한다. 선비의 정원에는 이러한 뜻이 숨겨져 있다.

예안 이씨 세거지
충남 아산시 송악면 외암리

충남 아산시 송악면의 외암리민속마을은 옛 전통가옥과 문화가 고스란히 남아 있는 곳이다. 1988년 8월에 '전통건조물 보존지역 제2호'로 지정되었다. 마을은 설화산을 등 뒤에 두고 앞으로는 작은 내가 흘러 전형적인 배산임수 지세에 자리 잡고 있다.

조선시대 중엽 명종 때에 장사랑 벼슬을 지낸 이정 일가가 낙향, 정착하여 예안 이씨 세거지가 되었으니 400년의 내력을 지닌 곳이다. 충청지방 고유의 반가(班家) 10여 채와 초가 60여 채가 아담하게 들어서 있고 총길이가 5천 m에 달하는 돌담장은 막돌을 이용해 허튼층 쌓기(규칙 없이 아무렇게나 쌓는 방법)로 구성하였다. 돌담들이 집들의 경계를 이루며 골목길을 만들어 분위기가 예스럽다. 전남 승주의 낙안읍성과 함께 아름다운 마을 돌담의 예를 보여 준다.

·

이렇듯 오래된 마을에 야생화가 어우러져 있으면 얼마나 친근하고 복스럽게 느껴질까 하는 생각을 하고 있는데, 아닌 게 아니라 마을 초입의 소나무 동산을 지나자마자 **꽃창포**가 줄지어 맞는다.

꽃창포는 한국, 일본, 중국 동북부, 시베리아에 분포하는 붓꽃과의 다년초로 산이나 들의 초원이나 습지에서 자란다. 붓꽃과의 식물들은 북반구의 온대를 중심으로 약 250종이 분포하며 우리나라에는 10여 종이 자생하는데, 정원의 습지에 심어놓으면 봄부터 여름에 걸쳐 시원하고 청초한 분위기를 자아낸다.

·

중부지방의 전통적인 양반집을 재현해 놓은 곳으로 발걸음을 옮기니 곳곳에 야생화가 적절하게 식재되어 있다. 그 중 **옥잠화**는 약방의 감초다. 정갈한 잎 사이의 비녀 같은 깨끗한 줄기와 하얗고 길쭉한 꽃, 큰 녹색의 잎이 시원스럽다. 꽃대 끝에 여러 송이의 꽃이 달리는데, 꽃이 피고 지면서 계속해서 꽃눈이 자라므로 초여름부터 늦여름까지 꽃을 볼 수 있다.

를 정원에서 증식시킬 때는 잎이 지고 난 후 뿌리 위쪽에 눈이 붙는 9~10월이나 3월경에 포기나누기를 하면 된다. 뿌리를 캐어 보면 수염뿌리가 많이 엉켜 있는데 흙을 잘 털어낸 후 아래쪽에서부터 갈라주되, 위쪽의 눈을 2~3개씩 붙여 나누어야 한다. 포기를 나눈 후에는 2~3년 동안 그대로 두어야 꽃이 잘 핀다.

·

양반집 안을 빙 둘러보니 앞 정원에는 여러 가지 야생화가 식재되어 있고 담 옆의 정자 아래로는 작은 연못이 조성되어 있다. 물은 마을 안을 흐르게 한 수로에서 끌어들인 것으로 유입량이 거의 일정하여 관리도 용이해 보인다.

정자에 올라 꽃창포, 비비추, 금낭화, 붓꽃, 국화 등이 심어져 있는 정원을 내려다보며 철 따라 야생화를 완상할 수 있을 듯싶다.

마을 안으로 들어서니 돌담에 기대어 핀 **접시꽃** 무리가 곳곳에서 돌담길의 아취(雅趣)를 더해준다.

접시꽃은 접시같이 납작한 모양의 빨강, 노랑, 흰색 꽃이 장대같이 긴 줄기에 붙어 아래에서부터 차례대로 피어오른다. 무궁화와 같은 아욱과 식물로 꽃 모양이 무궁화와 비슷하다. 지방에 따라 부르는 명칭이 달랐는데 서울지방에서는 어승화, 평안도에서는 둑두화, 삼남지방에서는 접시꽃이라 했다. 옛날에는 촉규화(蜀葵花)라고도 불렸는데, 신라시대 최치원이 촉규화에 대한 시를 지은 것으로 보아 재배 역사가 무척 오래된 것으로 보인다.

처음에는 홑꽃뿐이었지만 지금은 많이 개량되어 겹꽃은 물론 색깔도 분홍, 진분홍, 자주색, 흑갈색, 남보라색, 노란색 등 다양하다. 접시꽃의 뿌리는 촉규근이라 하여 위장병에 쓰이고 꽃은 호흡기질환에 쓰인 까닭에 민간에서는 집 주변에 심어 구급약으로 활용하였다.

키가 크고 꽃이 줄을 진 듯 붙어 화단의 뒷줄이나 건물 외곽, 담장을 따라 심으면 화사한 꽃 병풍을 둘러 친 듯한 효과를 얻을 수 있다.

옥잠화

접시꽃

마을 안길을 걷다 보니 작은 연못 안에 **부들**
이 가득하고 주변에는 고사리, 미나리 등이 심
어져 있다. 전에는 미나리꽝이었나 보다. 옛날
농가에서는 집 앞에 미나리꽝을 만들어 놓고
필요할 때에 손쉽게 채취하여 음식을 만들었
다. 이곳 역시 막돌을 이용해 돌담을 쌓았으
며 마을 안으로 냇물을 끌어들여 정원에 곡수
를 만들었는가 하면, 미나리꽝을 만들어 생활
의 편리함과 즐거움을 추구하는 지혜를 보이
고 있다.

　　또한 마을의 배산인 설화산이 불기를 내뿜
고 있는 형상이라 이를 잠재우기 위해 마을을
휘감고 내려가는 물을 집집마다 끌어들여 인공

으로 조성하기도 했다. 그래서인지 집집마다에
도 작으나마 연못이 있는 것을 쉬이 볼 수 있다.

·

어느 집에 이르자 발걸음이 저절로 멈춰진다.
대문 밖 돌담 아래에는 접시꽃도 모자라 붓꽃,
벌개미취 등을 심어 방문객들을 즐겁게 맞이하
려는 마음씀씀이를 엿볼 수 있었던 것이다.

·

대나무로 된 사립문을 밀고 들어가니 안대문으

부들

매발톱

무늬비비추

로 인도하는 연도를 따라 갖가지 야생화가 도
열해 있고 그 뒤로는 큰키나무들이 서있다.

대문간에는 고양이 밥그릇 20여 개가 줄지어
있고 그 주변, 갖은 표정의 고양이들이 무슨 구
경거리라도 만난 양 동그란 눈을 반짝이며 경
계를 한다. 집주인은 고양이를 몹시 좋아하는
가 보다.

대문간을 지나자 우측 담 밑으로 옥잠화, **매발
톱, 무늬비비추**, 수국, 패랭이, 맥문동 등이 합
식되어 있고 그 뒤로는 라일락, 배롱나무, 참중
나무 등이 서있다.

　·

중정에는 화단 두 개를 조성하여 역시 갖가지
야생화들로 채워놓았다. 구절초, 쑥부쟁이, 꽃
범의꼬리, 산수국, 목단, 무화과, 산수국, 초롱
꽃, 금낭화, 매발톱 등이 잡초와 더불어 무성
하다.

　　"바깥양반이 야생화를 좋아하셨는데 금년
에 돌아가시고 나니 손을 댈 사람도, 겨를도 없
어 이렇게 정리되지 않은 모습들을 보여주게
돼서 미안하다."

　　빛바랜 사진첩을 꺼내 보여주며 안주인이
들려주는 이야기에 사별한 남편과의 애틋한
추억들이 애잔하게 묻어나 잠시 처량한 기운
이 바람결에 스쳐갔다.

　·

이 댁 바깥주인은 수생식물도 좋아한 모양이
다. 연꽃잎은 저 뒤쪽을 배경으로 시원하게 서
있고, 그 주변에는 습지식물들이 혼재되어 자
라고 있다. 미나리도 야생화라 여기고 키운 것
인지 아니면 추억거리 밑반찬이었는지 먹을 양
정도는 되게 자라고 있다.

·

"이 대나무 사립문은 볼품이 없어. 무슨 회의
끝에 사립문을 보기 좋게 해준다고 이걸 만들
어 걸어 놓았는데 아무래도 남편이 만들어 놓
았던 잔가지 사립문이 이 집에는 제격이야."

우리를 따라 나오며 건네는 말씀마다 남편
과의 추억들이 담겨져 있고 어조는 안개비처럼
가라앉는다.

마을을 떠나 동구 밖으로 나와 주막에 들
러 빈대떡에 동동주를 들이켰다. 그제야 뒤통
수에 붙어 따라다니던 무직한 옛정부스러기가
떠나가기 시작했다.

남평문씨 세거지

대구시 달성군 화원읍 본리

대구시에 위치한 남평문씨 세거지는 목화씨를 들여온 문익점의 후손들이 200년 전부터 이뤄 온 마을이다. 마을의 진산인 천수봉 아래 전통 한옥의 아름다운 모습을 그대로 간직한 아홉 채의 한옥과 두 개의 재실, 서고 등 옛 건물들이 사람 키보다 큰 흙돌담 안에 자리 잡고 있다.

●

유달리 높은 담장이 둘러쳐진 한옥 안의 정경을 일일이 살펴볼 수 없어 마을 입구에 있는 문화유산 해설사의 도움을 받아 야생화 정원이 잘 가꾸어져 있다는 종택으로 향했다. 종택의 대문은 좌우가 흙돌담으로 구획된 50여m 길이의 골목을 지나야 나온다.

●

기와를 얹은 흙돌담은 건물의 처마 끝까지 닿아 사생활을 철저히 보호하고 있다. 이로써 사대부 집안의 체통이 지켜진다고 주장하는 듯하다. 좁은 골목 탓일까, 대문은 여느 한옥과는 다르게 작은 문 하나만을 마련해 놓았다. 문씨 세거지는 계획마을인데 설계한 이가 종택의 입구를 이렇게 제한한 이유가 무얼까?

●

왼쪽 집 담장 귀퉁이에는 **홑왕원추리**가 피어 있다. 황토와 막돌을 쌓아 올린 담장은 주황색과 노란색 꽃이 피는 홑왕원추리와 궁합이 잘 맞는다.

홑왕원추리는 우리나라 각처의 산지에 나는 다년초로, 잘 자라기도 하지만 뿌리에 달리는 괴근(塊根)으로 구황을 하기도 해서 예부터 집 안팎에 많이 심어왔다. 다만 꽃 속에 꿀이 많기 때문에 꽃대에 늘 진딧물이 꼬이고 긴 잎이 처지면 산만하게 보이는 게 흠이다. 그래서 집주인은 처진 이파리를 베어 냈다.

●

종택 대문을 열어젖히니 안마당은 아니 나오고 난데없는 헛담이 막아선다. 담 위에는 **능소화**가 활짝 피어 해사하게 웃으며 어서 오란다. 담 밑에는 옥잠화, 비비추, 초롱꽃이 심어져 있는데 이는 철따라 피면서 청지기처럼 손님을 맞이하란 뜻이렷다! 대문을 열고 들어서도 바로 안이 들여다보이지 않도록 한 것을 보니 필시 이 안에는 무슨 보물이 있을 터다.

●

대문을 돌아드니 사랑채가 나오는데, 마찬가지로 입구를 제외하고 담장으로 막혀 있다. 이 담장 위에도 10여 년생 **능소화**가 산뜻하게 다듬어져 손님을 맞는다.

능소화는 양반 꽃이다. 상민이 이 나무를

홑왕원추리

능소화

목단

집안에 심으면 곧장 100대에 처했다는 조선시대 기록이 있는 것을 보면 제자리를 찾아 심겨진 셈이다.

아닌 백련을 심어 무더운 여름 한철을 담백하게 보내려 한다. 가히 사대부 집안의 모습이라 하겠다.

●

역시 물이 제일 귀한 보물인가. 집 안으로 들어서서 보이는 정원 한 쪽엔 옛 우물이 그대로 보전되어 있다. 마을 뒤편에 동서로 뻗어 바람을 막아주는 천수봉 자락에서 수맥을 찾아 이어 우물을 팠다. 그 아래쪽엔 함지박에 홍련

우물 앞에는 화단을 만들고 자연석으로 둘레를 쌓아 그 안에 **목단**, 함박꽃, 참나리, 무화과, 돌나물 등을 심었다.

흔히 국화가 은일(隱逸)과 연동되고, 연꽃이 지조와 그것을 생명으로 삼는다는 군자를

상징하는데 비해 모란은 곧잘 부귀와 비유되
곤 한다. 화려하고 복스럽게 피는 모란은 예로
부터 화왕(花王)이라 하여 꽃 중의 꽃으로 꼽
았다. 민화풍으로 그려진 〈모란도〉는 혼례용
병풍으로 쓰였으며 고려청자 상감의 꽃무늬,
분청사기의 꽃, 나전칠기의 모란당초(牡丹唐
草), 수놓은 꽃방석, 와당(瓦當)의 무늬, 화문
석의 밑그림까지 모란의 상징성을 살린 쓰임새
는 끝이 없다.

　　우물가에서 쌀을 씻다 이러한 목단 꽃을
보곤 필시 여유롭고 자애로운 마음이 일었을
것이다.

정원을 한 바퀴 돌아 나오는 길에 서있는 외
등 아래에서는 국화가 가을 손님을 기다리고
있었다.

옻골 경주최씨 종가

대구시 동구 둔산동

방촌에서 비행장 뒤편 들어가는 길로 계속 직진하여 능청산 자락 아래까지 들어가니 칠계계곡에 위치한 옻골마을이 나온다. 옻골마을은 경주최씨 칠계파(漆溪派)의 후손들이 모여 사는 동성 촌락으로 현재 20여 호의 고가들로 이루어져 있다.

마을 입구에서 지세를 살피니 북으로는 팔공산 동쪽으로 뻗은 줄기 상의 환성산이 멀리 동화사를 싸안고 안쪽으로 급격히 오므리는데, 산줄기 끝자락에 능청산과 용암산이 횡으로 병풍처럼 둘러섰다. 능청산과 용암산 사이 두 줄기의 능선이 남쪽으로 뻗어 내려오면서 만든 계곡에 옻골이 위치하고 있다.

마을 동쪽에는 검덕봉(儉德峰)이 돌올하고 서쪽에는 검덕봉 줄기보다 완만한 능선이 내려와 못 안골로 이어진다. 마을 남쪽에는 느티나무 고목들이 숲을 이루고 연못이 하나 있다. 마을 앞을 흐르는 시냇가에 옻나무가 많이 있었으므로 칠계(漆溪), 옻골이라 이름한 것이다.

마을 뒷산 정상에는 기이한 바위가 우뚝 솟아 있는데, 이곳에 올라서면 대구 시가지와 팔공산 지맥이 한눈에 조망된다. 이 바위는 거북같이 생겼다 하여 일명 생구암(生龜岩)이라 부르는데, 풍수지리상 거북은 물이 필요하므로 마을 입구 서쪽에 연못을 조성하였다. 동쪽은 양의 기운을 받기 위하여 숲을 만들지 않았고 서쪽은 음의 기운을 막기 위해 연못 주위에 울창한 느티나무 및 소나무숲을 조성하였다.

마을 입구에는 수령이 350년은 된 아름드리 느티나무 수십 그루가 무리지어 자라고 있다. 마을의 터가 주변보다 높아 금호강 지류가 훤히 내다보이므로 나쁜 기운이 들어오는 것을 경계하고자 심은 것이다. 또 이곳 옻골마을에는 보호수로 지정된 높이 12m, 둘레 2.9m의 회화나무가 심어져 있다. 입향조(入鄕祖)인 대암 최동집 선생이 심었다 하여 최동집나무라 한다.

마을 안으로 들어가니 규모 있는 기와집들이 몇 채 있고, 옹기종기 추녀를 맞대고 있는 고만고만한 집들 또한 여럿 있다. 대구에서 제일 오래되었다는 최씨 종가는 마을 맨 위쪽, 완만한 산 아랫자락에 편안한 자세로 걸터앉아 있다.

최씨 종가로 가는 길 좌우에는 기와담이 도열을 하였다. 막돌과 황토로 쌓은 담벽에 기와를 올린 품이 얌전하면서도 야무진데, 검박하면서도 체통이 배어 있는 모양새다. 담장 위에는 양반만 심을 수 있다는 **능소화** 한 무리가 좌정하고선 종가 가는 이들의 신분과 됨됨이를 점검한다. 나는 공연히 흠칫하여 옷매무새를 돌아본다.

능소화(凌霄花)를 풀이하면 하늘을 업신여기고 계속 기어 올라가 꽃을 피우는 나무라는 뜻이다. 주렁주렁 열린 꽃들이 주홍색 트럼펫을 불면서 바람과 햇빛을 희롱한다 해서 능소화인지 줄기가 하늘에까지 닿을 듯 길어서

능소화

능소화는 종자가 전혀 없어 삽목 방법에 의해 묘목을 생산한다. 묵은 가지 삽목, 새가지 삽목 모두 무난히 잘 되어 번식에는 별 문제가 없다. 단, 큰 나무로 기를 때 무언가에 붙어 위로 올라간 능소화 줄기는 동해를 입지 않고 온전하게 자라게 되나, 땅으로 기어 자란 능소화 덩굴은 겨울에 동해를 입어 죽게 되며 뿌리만 숙근초 형태로 존재하므로 무용지물이 되고 만다.

남천

붓꽃

능소화인지는 모르겠으나, 하늘을 빗대어 이름 붙인 꽃은 흔하지 않다.

·

골목길이 끝나자 곧바로 종가 대문이 막아선다. 임진왜란 때에 대구 의병장으로서 왜적을 격파하고 많은 전공을 세워 공신이 된 태동공 최계(台洞公 崔誡) 선생의 아들이자 효종임금의 잠저시 사부인 대암 선생이 1616년에 정착한 이래 세거지로서 350여 년을 이어오고 있는 곳이다.

대문 안으로 들어서니 오래되었으되 야무진 모습을 간직하고 있는 안채와 사랑채, 중사랑채, 보본당, 대묘, 별묘, 행랑채, 고방채 등이 각각의 담장 안에 균형 있게 배치되어 있다. ㄷ자형으로 고색창연한 안채는 1630년에 대암 선생이 살림집으로 지은 것이다. 가족들의 생활공간인 안채의 특성을 고려해 사랑채와 함께 서쪽에 배치하였다.

안채의 담장 바깥에는 **남천**이 일렬로 늘어서서 담장을 반쯤 가리고 서있고, **붓꽃** 한 무더기와 옥향이 둥그렇게 똬리를 틀고 있다. 남천으로 담장을 가리는 경우는 보기 드문데, 이는 아마도 남천이 가지고 있는 신비한 능력으로 집안을 보호해주기를 바라는 마음에서 그리하지 않았나 싶다.

남천은 신선이 먹는 식품이라 해서, 잎을 쌀에 섞어서 먹으면 백발이 검어지고 노인이 젊어지기 때문에 성죽(聖竹)이라고도 한다. 그

래서 사당이나 집을 장식하는 데 사용되었고 노인에게 선물도 하였으니 남천을 담장 앞에 심은 뜻은 집안의 활력을 오래도록 유지하려는 염원에서 비롯된 것이리라.

•

그 옆으로 이어지는 정원에는 자연석을 쌓고 비교적 넓고 깊은 화단을 조성하였다. 담장 앞에는 배롱나무, 반송 등을 심어 배경을 만들고 접시꽃, 옥잠화, 비비추, 자주달개비, 국화, 벌개미취, 붓꽃 등의 야생화를 앞에 심었다. 돌 틈에는 영산홍이나 회양목 대신 키가 작은 사계원추리 등을 심어 색다른 맛을 내고, 큰 플라스틱 함지에는 백련을 심어 운치를 돋운다.

배롱나무의 붉은 꽃은 마가 끼어들지 못하게 하고 반송은 선비의 품격을 잃지 않도록 경계한다. 접시꽃은 한양의 임금을 그리워하는

마음이며, 옥잠화는 이곳에 사는 이들이 맑은 향기를 내도록 훈계하고, 국화는 만고에 이름을 날리도록 독려한다. 선비의 정원에는 이러한 뜻이 숨겨져 있다.

•

백불암 최흥원(百弗菴 崔興遠) 선생의 불천위 사당인 대묘는 1711년에 세워져 가묘로 이용되고 있다. 1737년에 지어진 대암 선생을 모신 별묘와 함께 종가의 동쪽에 배치하였는데, 이는 조상과 관련된 공간은 양을 상징하는 동쪽으로 두는 음양오행사상을 따른 것이다.

가묘 옆 작은 문을 통해서 동쪽에 위치한 보본당으로 들어간다. 균형 잡힌 마루는 직사각형의 마루판을 짜 맞춘 것으로 세월의 흔적이 고스란히 남아 있다. 주춧돌, 기둥, 서까래, 지붕 기와 등은 전통적인 방식에서 벗어나지

석류

박태기나무

않고 있으나 서까래를 받치기 위하여 기둥 위를 건너지른 굴도리에 쓴 나무는 반듯하지 않고 원래 나무가 생긴 그대로 굽어 있다. 그러다 보니 직선으로 된 여타의 나무들에 대비된다.

안채의 뒤뜰에서 대묘를 바라보니 담장 위로는 지붕만 보인다. 담장 아래의 화단엔 옥잠화가 널찍하고 서늘한 이파리를 펼치고, 원추리는 날렵한 소맷자락을 소리 없이 펼쳐들었다.

그 옆에는 담장 위로 솟은 **석류**나무가 대묘 안뜰을 바라보며 붉은 정열을 다해 선조들의 바람에 귀를 기울인다. 모퉁이의 **박태기나무**는 밥알같이 생긴 진분홍 꽃들을 풍성하게 열었다. 석류는 열매도 씨도 빨간색이다. 우리 조상들은 붉은 색이 귀신을 물리친다고 믿었다. 부

적도 붉은색, 도장밥도 붉은색, 동짓날 집안 여기저기에 뿌려 잡귀를 물리치려 했던 팥죽도 붉은색이다. 이곳 대묘 주위에도 석류나무를 심어 액운을 경계하고 있다.

옻골마을은 대암 선생의 후손들만으로 이루어진 마을이라 아산 외암리 민속마을처럼 번잡하거나 경주 양동마을같이 넓거나 복잡하지 않다. 대암과 보본당 그리고 백불고택으로 이루어진 최씨 종가는 이 마을의 정신적인 중심을 이루고 옛 교훈을 현대적으로 되새기면서 차분한 분위기를 유지하고 있다. 정원의 나무와 야생화들은 각각 제자리를 지키면서 조상의 음덕을 기리고 자손들의 안녕을 기원하는데 일조한다. 화려하지 않고 소박한 모습으로 최씨 후손들의 마음을 어루만지고 방문객들을 맞는다. 야생화는 그러면 된다.

함라마을 옛 담장

전북 익산시 함라면 함열리

돌담에 속삭이는 햇발같이

김영랑

돌담에 속삭이는 햇발같이
풀 아래 웃음 짓는 샘물같이
내 마음 고요히 고운 봄 길 위에
오늘 하루 하늘을 우러르고 싶다

새악시 볼에 떠오르는 부끄럼같이
시(詩)의 가슴을 살포시 젖는 물결같이
보드레한 에메랄드 얇게 흐르는
실 비단 하늘을 바라보고 싶다

·

전북 익산의 함라마을은 문화재청이 등록문화
재로 지정한 전국 10개 돌담마을 중 한 곳이다.

함라마을은 마을 뒤 주산인 함라산이 묵직
하게 좌정하고, 그 옆으로 부를 가져온다는 와
우산이 마을 전체를 싸고 있으며 앞으로는 넓
은 들이 펼쳐져 있어 일찍 부촌으로 자리 잡았
다. 그 옛날 허균이 함열로 유배와 있는 동안
여러 작품들을 집필한 곳으로 알려져 있다.

마을의 돌담길은 총연장 1.5Km에 달한다.
여기저기서 황토벽을 타고 오르는 이곳의 담
쟁이덩굴은 시내의 그것처럼 높고 붉은 벽돌
집의 매캐한 내를 맡는 대신 기와를 경중거리
다 뜨거우면 몸을 아래로 축 늘어뜨리고 산들

바람에 출렁거리면서 기분 좋게 그네를 탄다.

한여름 땡볕이 담과 담으로 막혀 있는 마
을길을 활활 불태우고 있는 가운데, 담장 위
아래에 걸쳐 있거나 누워 있는 야생화들을 찾
아 어슬렁거리면서 이집 저집을 기웃거리고 대
문도 없는 집을 드나들기도 한다. 문득 유년의
고향동네에 가 있는 나를 본다.

〈모란이 피기까지〉의 시인 영랑 김윤식이
남도의 향토색 짙은 언어로 묘사한 그 돌담길
이 여기에도 있다. 온전히 돌로만 쌓은 것이 아
니라 흙과 어우러진 토석 담인데다가 기와를
얹어, 마치 황토빛 개량한복에 잿빛 모자를 쓴
노인을 보는 듯하다.

·

길옆에는 파밭이 가지런히 일구어져 있고, 파밭
이 끝나는 지점에 허름하고 높직한 담장이 서
있다. 토석담이 등록문화재가 되고 정서 공감
대가 확산되면서 잊고 있었던 우리 고유의 자
연·인공물에 대한 내면적 가치를 확인하는 작
업이 이렇듯 궁벽한 곳에서도 진행되고 있다.

토석담은 쌓는다고 마구잡이로 될 일이 아
니다. 그렇다고 한옥 건축하듯이 전문적인 기
술이 요구되는 것도 아니다. 보통은 마을 사람
중에서 담장을 쌓는 기술을 익힌 이가 주축이
되어 동리 일꾼들을 데리고 쌓는다.

먼저 경계를 따라가며 횟가루를 뿌려 놓고
기초석 놓을 자리를 파낸다. 기초석을 놓고 나

면 황토를 갠다. 황토는 붉은 빛을 띨수록 멋이 나고 잿빛이 나면 맛이 떨어진다. 황토에 짚을 넣거나 횟가루를 섞고 짓밟아 점도를 높인 후 돌이나 기와를 번갈아 올리면서 차곡차곡 쌓아 올라간다. 중간중간 추를 보며 담벽이 기울지 않도록 유의하면서 키높이까지 쌓고 난 후 그 위에 기와를 얹고 용마루를 설치하면 담장은 완성되는 것이다.

담장 쌓는 일은 진도가 매우 느리다. 장정 8명이 달라붙어 쌓아도 하루에 4m 이상을 쌓지 못한다. 함라마을 안에서 긴 담장은 300m 정도 되는데 이를 쌓기 위해선 하루 8명 투입시 두 달 반이 소요된다. 매우 지루한 작업이다. 함라마을 담장의 총연장 길이가 1.5Km는 된다 하니 마을 사람들의 인내력이 대단하다. 또 작업 과정을 통해 주고 받는 공감과 그로부터 얻은 지식의 전수는 마을사람들을 결속시키기에 충분하였다. 이렇듯 담장에는 소박한 촌민들의 살가운 정서가 배어 있는 것이다.

담장 아래의 기초석을 따라 자라고 있는 크고 둥근 잎의 **머위**는 차일을 쓴 행렬을 이루면서 우리 일행을 졸졸 따라온다.

·

앞에 대문도 없는 집이 한 채 떡하니 서있다. 들어와도 좋다는 것인지, 맘대로 하라는 것인지 몰라 주저하고 있다가 감나무 긴 가지 사이로 언뜻 보이는 주홍빛에 이끌려 안으로 발을 들인다.

참나리는 언제 봐도 부담 없이 정겹다. 전국의 산야에서 땅을 가리지 않고 잘 자라며 키가 크고 햇빛을 좋아하는지라 건물 입구에 무리를 지어 놓으면 들어오는 이들에게 인사를 잘 한다. 한 철 보초로 세워두기에 이만한 야생화도 없다. 꽃이 피기도 전에 잎의 어깨 위에 갈색의 주아(珠芽)를 달고 새끼 기르기에 몰두한다. 이 주아는 내한성이 강해 한겨울에도 햇빛이 잘 비치고 따뜻한 곳에서는 뿌리를 내린다. 이 정도나 되니까 전국 어디에서든 멸종되거나 사라지지 않고 건재한 것이다.

꽃잎의 안쪽에는 반점이 많이 나있다. 꿀점이라고 하여 곤충에게 '이 안에 꿀이 있으니 들어오라'고 알리는 표시이다. 가만히 보면 꽃가루가 잔뜩 묻어 있는 수술의 끄트머리는 진공청소기의 앞부분을 닮았다. 기실 진공청소기에서 먼지를 빨아들이는 앞부분은 이 참나리의 수술을 보고 설계한 것이라 한다.

참나리에는 호랑나비가 잘 날아오는데, 꿀만 빨아먹고 싶어 하지 자기 날개 끝에 꽃가루가 묻는 것을 귀찮아한다. 참나리로서는 호랑나비가 꿀만 먹고 꽃가루를 옮겨주지 않을까 봐 걱정이다. 그래서 자신의 수술을 길게 내뻗고는 끝이 이리저리 잘 움직이게 만들었다. 조금만 건드려도 나비의 날개 끝에 덜컥 묻어서 꽃가루를 널리 퍼지게 하려는 속셈이다.

이렇듯 자연 속에서는 나비가 그냥 날아다니는 것이 아니고 꽃도 그저 예쁘게만 피어 있

머위

머위라고 하며, 산록의 다소 습기가 있는 곳에서 잘 자라는 다년초로 지하경이 사방으로 뻗으면서 중간 중간 잎을 낸다. 특이한 것은 이른 봄에 잎보다 꽃줄기가 먼저 자라고 꽃이삭은 커다란 포로 싸여 있다는 것이다. 전국 각지의 논둑이나 밭둑, 야산의 습지에서 자라며 어린잎과 꽃줄기를 식용한다. 잎은 향기롭고 독특한 쓴맛이 나는 산나물로, 잎을 따낸 긴 잎자루는 삶아서 껍질을 벗기고 물에 담가 아린 맛을 우려낸 후에 조리한다.

는 것이 아니다. 안 보이는 가운데 상호의존하고 적절하게 이용하고 있는 것이다.

안정원으로 다가가자 옥잠화가 넓은 치마를 부여잡고 다소곳이 인사를 하는데, 붓꽃은 씨를 매달고서 꼿꼿이 서있다. 그 외에도 맥문동, 원추리, 기린초, 할미꽃, 쑥부쟁이, 구절초 등 풋풋한 야생화들이 돌 한 단으로 쌓은 정원을 빙 돌아가며 자리 잡고 있다. 야생화들 뒤로는 목단, 함박꽃, **수수꽃다리**, 매화나무, 사철나무, 박태기나무, 향나무 등이 모여 오랜만에 내방객이 왔다고 수군거린다.

마당의 잡풀들은 한낮의 고즈넉하고 나른한 기운에 축 쳐져 있다. 머잖아 가을이 오면 **쑥부쟁이**부터 연보라빛을 내뿜으며 한들거릴 것이다. 흔히들 쑥부쟁이와 비슷한 꽃들을 가리켜 들국화라고 부르는데 들국화란 꽃은 없다. 들국화는 연보라의 쑥부쟁이와 하얀 구절초 그리고 노란 산국과 감국 등의 야생종 국화과 식물들을 통틀어 부르는 보통 명사이다. 마치 왜가리와 백로, 두루미 등을 통틀어 학이라고 부르는 것처럼.

·

안채 오른쪽 빈 터에 배롱나무 한 그루가 서있다. 축대 아래 멀리 장독대를 배경으로 피어 있는 모양이 살갑기는 해도 어딘가 을씨년스럽다. 아마 이 집에 사람 온기가 없어 그렇게 느껴지나 보다.

수수꽃다리

쑥부쟁이

산과 들의 다소 습기가 있는 곳에서 잘 자라는 여러해살이풀이다. 줄기는 1m까지 곧게 자란다. 어긋나는 기다란 잎은 위로 올라갈수록 작고 가늘어지며 털이 없고 가장자리에는 굵은 톱니가 있다. 늦여름부터 가을까지 줄기와 가지 끝마다 두상화가 하늘을 보고 피는데 가장자리에는 연보라색 꽃잎을 가진 혀꽃이 한 줄로 빙 둘러 있고, 가운데에는 노란색 통꽃이 빽빽이 들어차 있다.

요즘이야 배롱나무 꽃의 색깔이 기존의 분홍색 말고도 흰색, 자주색, 보라색 등 다양하지만 1970년대 이전까지만 해도 붉은색 계통이 대부분이었다. 옛부터 붉은 색은 귀신을 쫓아내고 액을 막아주는 색이라 하였다. 배롱나무는 꽃이 붉기도 하려니와 백일을 두고 피니 액막이하고자 할 때에 이보다 더 좋은 나무는 없다. 그리하여 개인 정원에 심어 살아 있는 사람들의 건강을 지켜주도록 했고 묘지 근처, 사당, 재각 등에도 심어 돌아가신 이들의 혼령을 위로하고 안녕을 기원하였다.

집을 나온 뒤에도 '어슬렁 산책'은 계속되었다. 능소화가 무너진 토담 위에 누워서 헤픈 웃음을 보이기도 하고, 수국 한 무리가 비스듬히 담벽에 기대어 내 다리부터 머리까지 훑어보는 앞을 지나치기도 하면서 마을 길 여기저기를 돌아보았다. 뜨거운 대낮의 열기가 골목길에 가득하였으나 시공을 뛰어넘는 담장의 황토빛과 퇴색된 잿빛의 기와들이 주는 안온함을 방해하지는 못하였다.

이 마을에 바라는 것이 있다면 토석담을 섣불리 개·보수하는 대신 도처에서 반짝거리며 수줍은 듯 자리잡고 있는 야생화를 잘 가꾸어 동화 속의 정경을 이어갔으면 하는 것이다.

함양 일두고택

경남 함양군 지곡면 개평리

경상남도 서북쪽에 자리 잡고 있는 함양은 덕유산과 지리산의 두 산줄기가 잦아드는 곳에 위치한 산간 분지이다. 병풍처럼 둘러싸인 높은 산에서 흘러내려오는 물이 많아 산천이 아름답다. '좌안동 우함양(佐安東 右咸陽)'이라 하여 경북 안동과 더불어 학문과 문벌이 번성했던 이른바 양반의 고장이기도 하다.

함양읍에서 안의 쪽으로 가다가 지곡면사무소가 있는 개평리마을로 간다. 동네 한가운데를 흐르는 개울가를 따라 시멘트로 포장된 신작로가 나 있고, 길을 따라 돌담과 기와담이 번갈아 이어지는 고샅길을 이리저리 끼고 돌아 정여창 선생이 태어난 집에 이른다.

•

일두(一蠹)의 집 문 앞에 이르니 한 무리의 탐방객들이 골목길을 꽉 채우며 나오고 있다. 사람의 향기는 매우 특징적인 데가 있어서 500여 년이 지나도 사그라지지 않는 가보다. 안으로 들어가면서 일별하니 솟을대문, 사랑채, 안채, 아래채, 별당, 가묘, 곳간 등이 잘 갖추어져 있다. 이 집은 일두가 세상을 떠난 지 한참 후인 조선 선조 때에 후손 정덕대가 지었다고 전해온다. 행랑채 가운데에는 솟을대문이 우뚝하고, 나라에서 내린 '효자 통정대부 판전농시사 정복주지문(孝子通政大夫判典農寺鄭復周之門)'이라 쓰인 정려패 외에도 충신·효자 관련 정려패가 다섯 개나 걸려 있어 이 집안의

오랜 유교적 인륜의 전통을 말해준다.

•

대문을 들어서면 높은 축대 위에 사랑채가 나타난다. 사랑채는 정면 5칸, 측면 2칸으로 앞뒤에 툇마루가 붙어 있는 겹집이다. 사랑방에 잇대어 놓은 누마루가 ㄱ자형으로 돌출되어 있다. 일반 사대부집의 전형적인 배치와는 달리 남향한 안채 옆을 막아서듯 동쪽을 바라보고 앉았다. 안채에 딸린 뜰과 사랑채에 딸린 뜰 사이에 끼어 있는 형국으로, 양쪽 뜰 모두를 향해 개구부가 나있다. 활주를 받쳐 드높이 올린 처마 아래의 누마루에 오르면 바로 앞마당에 동산처럼 꾸며놓은 석가산이 한눈에 내려다보인다.

사랑채 앞에 높게 쌓인 축대 아래에는 횡으로 화단이 조성되어 있다. 여기에는 **영산홍, 라일락, 남천, 명자나무**, 사철나무, 주목, 옥향 등의 꽃나무들을 식재하였다. 이 정도라면 철 따라 피고 지는 꽃들의 변화로 웬만큼 절기를 눈치 챌 수는 있겠으나, 화단의 생긴 모양이 단조롭고 올망졸망하게 배식한 꽃나무들은 사랑채 마당에 그저 한줄기 녹색 칠을 함으로써 건조함을 다소 면해보려는 의도로 밖에 보이지 않는다. 이 정도의 훌륭한 한옥이라면 격조 높은 야생화 조원을 하여 명성에 걸맞은 경관을 유지함이 마땅할 터인데 사정은 그렇지 못하다. 남천이나 명자나무 등이 최소한의 모양

을 갖추고 있는 것이 그나마 다행이다.

·

사랑채 누마루 앞으로는 폭이 좁고 기다란 동산이 조성되어 있다. 동산 중앙에는 소나무 한 그루가 비스듬히 누워 있고, 그 앞의 **배롱나무**는 붉은 꽃을 우산처럼 쓰고 있다.

배롱나무는 봄꽃들이 다 들어가고 나무 이파리만 무성할 때에야 비로소 꽃이 피는데, 참았던 날들에 대한 보상이라도 하는 양 백 일씩이나 두고 핀다. 이는 마치 일두가 늦은 나이에 세간에 나아가 그동안 익힌 경륜을 깊고도 넓게 펼쳐보이던 모습과 유사하다. 일두 사후에 사람들은 이정표 같기도 하고 붉은 등불 같기도 한 그의 모습을 그리워하게 되었으니 배롱나무꽃 진 뒤의 허전함이 또한 그러하다.

·

사랑채를 옆으로 돌아 일각문을 지나고 다시 중문을 통과하면 안채가 나온다. 일각문과 중문 왼쪽에는 곳간채가 있다. 사랑채 마당에서 보면 황토빛 흙벽의 고방 옆모습과 단이 진 기와 얹은 흙담, 자연스레 경사져 오르는 문간바닥과 바닥돌 그리고 흙담을 배경으로 서있는 키 작은 꽃나무들이 어우러져 그림 같다.

·

안마당은 안채와 서쪽의 아래채, 행랑채, 고방 등으로 둘러 싸여 장방형을 이루고 안채로 출입하는 징검돌을 경계로 다시 두 부분으로 나누어진다. 여기에는 안채 마당을 빙 둘러가며 아래채와 안채, 광으로 둘러싸인 마당 서쪽 부분의 우물과 돌확, 안채의 부엌 등 안살림에 관계된 시설들이 모두 모여 있어 당시 일두 집안 여인들의 활동이 눈에 보이는 듯하다.

·

우물가에 걸터앉아 안마당 저쪽을 보니 **능소화**가 굴뚝을 타고 올라간다. 아궁이에 불을 지피지 않으니 가능한 장면이다.

능소화는 꽃이 귀한 여름 내내 끊임없이 가지 끝마다 원추꽃차례를 이루며 넘실넘실 꽃을 피운다. 커다란 주홍색 화관은 다섯 갈래로 갈라진 통꽃이며 차례차례 연이어 피기 때문에 나무 전체로는 꽤 오랫동안 개화하는 것으로 보이지만, 사실 꽃 한 송이의 수명은 하루 이틀로 길지 않다. 능소화꽃이 피었다 지는 순간보다 더 짧은 것이 생이라더니, 일두의 일생을 돌이켜볼 때 55년 세월도 낙화하는 순간에 지나지 않았다. 일생에 단 한번 임금을 사랑할 수 있었던 소화가 주황색과 진홍빛으로 단장하고 평생 동안 임금을 그리며 기다렸듯이 일두는 영혼을 불살라 임금과 훈구파를 향해 절규했다. 그리고는 결국 열매를 맺지 못한 채 떨어지고 말았던 것이다.

명자나무

명자나무의 꽃은 매화보다 크고 색깔도 빨강, 분홍, 흰색 등 여러 가지다. 옆으로 뻗는 뿌리에서 많은 가지가 자라고 가지마다 꽃봉오리들이 다닥다닥 달려 핀다. 매화처럼 진하지는 않지만 은은한 향을 내고, 장미처럼 선정적이지는 않지만 작고 어여쁜 매력을 내뿜는다.

남천

남천촉(南天燭)이라고도 하는데 꽃줄기 끝에 달린 붉은 색의 열매들이 원추형을 이루어 마치 촛불 같은 형태를 이룬다 해서 붙인 이름이다. 남천은 춘삼월이 올 때까지 잎과 열매를 보여주다가 주위에 봄기운이 완연해질 때에야 비로소 붉은 잎을 떨어뜨리니 겨울의 황량함을 덜어내기에 안성맞춤이다.

영산홍

라일락

배롱나무

배롱나무

도종환

(중략)
지루하고 먼길을 갈 때면 으레 거기 서 있었고
지치도록 걸어오고도 한 고개를 더 넘어야 할 때
고갯마루에 꽃그늘을 만들어 놓고 기다리기도 하고
갈림길에서 길을 잘못 들어 다른 길로 접어들면
건너편에서 말없이 진분홍 꽃숭어리를 떨구며
서 있기도 했습니다
(하략)

능소화 타고 오른 굴뚝을 지나 뒤쪽으로 난 통
로로 향한다.

안채의 뒤뜰 화단은 백합과 흰 장미로 가득하
다. 화단의 끝자리에는 명자나무 한 포기가 다
른 나무들과는 조금 떨어져서 소담스레 자리를
잡고 있다. 일반 명자나무와 다르게 가지가 옆
으로 뻗고 크기가 왜소하다. 명자나무는 **장수
매** 등과 같이 작고 붉은 색 꽃을 피우는 풀명자
나무와 흰꽃과 분홍색의 꽃을 피우는 동양금
등의 당명자나무가 있다. 이 나무는 아무래도
풀명자나무같이 보인다. 풀명자나무는 산당화
를 축소해 놓은 것 같은 모습으로 나뭇가지는
산당화보다 가늘지만 꽃이나 열매, 나무에 난
가시 등은 모두 산당화를 닮았다.

　이제 이 나무 보기를 끝으로 일두에 대한
생각을 그만 접어야겠다. 선생의 단정하고 조
용하나 산당화 같이 붉은 정열로 가득 찬 일생
을 더듬어보면서 느끼는 '왜곡된 시대와 지성'
이란 화두가 자꾸만 나를 현 시대에 대한 불만
의 늪으로 끌고 들어가려 하기 때문이다.

　일두는 유배지에서 관청 마당의 화로에 불
을 지피는 정로부(庭爐夫)로 살았다. 잘못된
시대에서는 지성도 한낱 천역에 불과한 일을
해야 했다. 그럼에도 유배지에서 죽는 날까지

능소화

장수매

천성대로 태연하게 운명을 받아들였다. 거기에도 풀명자나무가 있었는가, 그가 시를 읊는다.

·

杜鵑何事淚山花 두견하사누산화
두견새는 무슨 일로 눈물로 산꽃을
적시는가
遺恨分明託古 유한분명탁고사
남은 한을 풀명자나무 늙은 등걸에
의탁함인가
淸怨丹衷胡獨爾 청원단충호독이
맑은 원한과 붉은 충정이 어찌 너 홀로
만이더냐
忠臣志士矢靡他 충신지사시미타
충신과 지사란 결코 다른 마음을 품지
않느니

·

선생이 고향의 풀명자나무를 대한 것은 결국 죽은 뒤였다. 후손들은 이를 비통히 여기고 잊지 않고자 화단에 풀명자나무를 심어두었다. 훗날 일두의 외손 중 여류시인 하나가 외가를 다녀가면서 그립다 말한다.

·

일두 선생 고택에서

허영자

(중략)
그 뜨락에 서면
잔잔한 햇빛과 바람
선생의 고결한 정신인양
옛 숨결 그대로 고여 있네

맑음이 죄가 되고
옳음이 시기를 불러오던
탁류와 같은 세월 속에서도
마냥 꼿꼿하던 선비의 기상
소슬한 한 채 고택에 깃들어 있네

함양 정씨댁

경남 함양군 지곡면 개평리

함양읍에서 안의쪽으로 가다 산 넘고 물 건너기를 몇 번, 드디어 개평마을에 닿았다. 함양과 산청은 예부터 많은 인재를 배출한 곳이다. 특히 일두고택이 있는 지곡면에는 규모 있는 고가들이 많다. 이곳 개평마을에 들어서면 각양각색의 정취를 품고 있는 담장이 연이어 나타난다. 고샅길이 안내하는 대로 따라가며 이집 저집을 기웃거리다보면 은연 중 각각의 고가에서 풍기는 격조의 차이가 나타난다.

•

저기 햇살이 밝게 비치는 담장 아래에서 뭔가가 반짝거린다. 본능적으로 가슴에 어떤 파장이 일어난다. 가까이 갈수록 정체가 드러나는데, 보니 **채송화**다. 담장 밑이나 화단 가장자리에 피어 있는 채송화는 시골 정취를 물씬 풍긴다. 우리 자생식물이 아니긴 해도 오랫동안 어머니들이 사랑해 왔으므로 친근하게 느껴지는 꽃이다.

채송화는 하루살이처럼 하루만 피었다 진다. 수명이 짧은 만큼 무척 바쁘다. 아침에 봉오리였던 것이 정오쯤 활짝 피며 오후에는 바람이 없는데도 꽃술이 조금씩 움직인다. 한 꽃 안의 수술과 암술이 스스로 움직여 만나 수정을 하는 것이다. 그리고 저녁이 되면 꽃이 오므라들면서 진다.

꽃은 지름 2~4㎝로 큰 편이다. 양귀비꽃처럼 톡톡 튀는 야광색의 꽃송이들은 보석 같

다. 그래서 무리지어 심어진 채송화 화단을 보면, 마치 보석을 흩뿌려 놓은 듯하다. 채송화는 봉선화나 맨드라미, 과꽃과 함께 오래 전 우리나라에 들어와 이제는 우리 꽃처럼 되었다. 아무 흙이나 가리지 않는 편이고, 공해가 심한 도시지역에서도 잘 자란다. 모스로즈(Moss Rose)라 하여 이끼처럼 땅에 붙어 옆으로 기면서 퍼지는 특징이 있어 화단 가장자리나 경사면, 도로변에 무리지어 심는다. 원래 홑꽃이지만 요즘은 개량된 겹꽃 품종이 나오고 있다. 개량종은 꽃의 크기도 크고 색깔도 훨씬 선명한 것들이 많다.

채송화에는 다음과 같은 전설이 있다.

옛날 어느 여왕이 보석을 좋아한 나머지 자신의 백성들과 보석 한 개씩을 맞바꾸다가, 보석은 한 개 남았는데 백성이 남지 않게 되었다. 그러자 여왕은 자기 자신과 그 보석을 맞바꾸겠다고 하였다. 마지막 보석을 손에 받아 쥔 순간 큰 소리와 함께 여왕의 보석들이 폭발해 버렸다. 이 때 사방으로 흩어졌던 보석 조각들이 각기 제 빛깔대로 꽃을 피웠는데, 그것이 채송화라 한다.

•

채송화 깔린 담이 끝나는 곳에 솟을대문이 우뚝 서있다. 근자에 새로 지은 터라 솟을대문에 쓰인 나무기둥 색깔이 불그스름하며 생기가 돈다.

채송화

쇠비름과에 속하는 한해살이풀로
서 남아메리카가 원산지다. 키는 한
뼘 정도로 작고 가지가 많이 갈라지
며 두툼한 육질의 선형으로 된 잎
이 규칙적으로 배열되어 있어 아담
하다. 꽃은 백색, 자주색, 홍색, 황색
등 다양한데 7~10월경 가지 끝에
한두 송이씩 핀다.

솟을대문[聳大門]은 대문간 지붕이 양쪽 행랑채 지붕보다 높이 '솟아 있다' 하여 지어진 이름이다. 평대문보다 높게 지으면 집 구조에서 풍기는 격조가 한결 높아질 뿐만 아니라 집안의 전통과 가세가 흥성하고 있음을 알리는 구실도 한다. 이보다 더한 격조를 얻으려 솟을삼문[聳三門]을 세우기도 했다. 솟을삼문은 정면 3칸, 측면 1칸의 맞배집으로 중앙 어칸에 솟을대문을 세우고 좌우 각 칸에 평대문을 설치하였다. 때문에 중앙의 지붕은 좌우 평대문의 지붕보다 높게 솟아 솟을대문에 비해 입체감이 난다.

•

대문 안을 흘끗 들여다보았을 뿐인데, 지남철
에 쇳가루 끌려가듯이 안으로 빨려 들어간다.
대문간에서부터 곱게 손질된 정원의 잔디가 보
인다. 잔디밭 가운데로 주욱 놓인 디딤돌을 따
라가면 사랑채를 돌아 안채에 이른다. 오른쪽
담 앞에 있는 화단에는 큰 암석을 앉히고 주변

에 옥잠화를 비롯한 야생화들을 식재하였다.
언뜻 보아도 그 솜씨가 예사롭지 않다.

•

안채 마루에서 채소를 다듬고 있던 정씨 집안
의 시어머니와 며느리는 불쑥 들어서는 방문객
을 보고도 그다지 놀라워하지 않고 정원을 만

무늬둥굴레

백합과의 여러해살이풀이다. 꽃은 4~5월에 잎겨드랑이에서 나온 꽃대에 매달려 한두 송이씩 핀다. 꽃 색은 밑 부분은 흰색이고, 은 녹색이며 통상화로서 앙증맞게 핀다. 잎은 긴 타원형으로 어긋나기하면서 한쪽으로 치우쳐서 나고 잎가에 황백색의 선명한 무늬가 있어 보기에 좋다. 키는 두 뼘 정도 자라고 뿌리는 숙근성으로 둥근 형태의 굵은 뿌리줄기가 옆으로 뻗으면서 자란다. 증식은 분주로 하고, 화분에 심어 관상할 때에는 분주하는 뿌리줄기의 굵기와 길이를 조정하여 심으면 원하는 모양을 얻을 수 있다. 반그늘의 습한 곳에서 잘 자라고 한강 유역에서 월동이 잘 된다.

구절초

들게 된 배경과 야생화로 조성한 이유에 대하여 담담한 어조로 설명을 해준다. 건축업을 하는 아들이 새로 집을 짓고 정원을 꾸몄는데, 평소에 야생화를 주제로 한 정원에 깊은 감명을 받고 이와 같이 조원했다 한다.

•

주먹돌로 쌓은 우물을 보며 행랑채 마루에 앉는다. 녹색의 잔디밭은 한여름의 뙤약볕을 잦아들게 하고 담 앞의 화단에 식재된 나무와 야생화들은 구조물을 가리면서 정원을 포근하게 감싸 안는다. 앞집 지붕 위에 가지런히 파인 기와골은 차분한 느낌을 주는데, 지붕 너머 하늘엔 흰 구름이 한가롭게 흘러간다.

•

잔디밭을 가로질러 담 앞의 화단으로 간다. 화단에는 너럭바위를 중심으로 한 장면이 펼쳐져 있다. 크고 작은 돌들을 두 단으로 쌓아 그 사이사이에 야생화들을 심었고 화단 위에는 **무늬둥굴레** 군락이 이루어져 있다.

이와 같이 자연석과 야생화는 궁합이 잘 맞는다. 산의 계곡에 가면 큰 바위틈새에서 자라는 금낭화, 산수국, 기린초, **구절초**, 병꽃나무 등의 야생화를 자주 볼 수 있다. 이는 수분이 장기적으로 안정되게 유지, 공급되므로 식물이 잘 자랄 수 있는 여건이 마련되어 있기 때문이

다. 이러한 야생화 경관은 매우 자연스러워서 조원 시에 참고하면 유익할 것이다.

•

화단이 끝나는 곳에 위치한 화장실로 가는 길 양쪽 돌축대 사이에는 오래 전부터 가정집에서 완상해오던 **옥잠화, 비비추** 등의 야생화들이 피어 있어 정겹다.

옥잠화의 순진무구한 하얀 색깔과 맑고 시원한 향기는 단연 일품이다. 색깔과 모양은 그렇다 치고 향기만큼은 맑은 향을 내는 야생화들 중에서 단연 으뜸 중의 하나라 할 만하다. 꽃이 피는 8월의 저녁 무렵, 기압이 낮아지는

때에 옥잠화 군락 근처에 가면 맑은 향이 진동하는 것을 느낄 수 있다.

일반적으로 옥잠화, 백합 등과 같은 하얀색의 꽃이 가장 향기가 강하고 이어 황색, 분홍색, 빨간색 순으로 약해지며 청자색, 자색, 녹색에서는 더욱 그 향이 줄어든다.

꽃들은 저마다의 향기를 흩날린다. 향기는 휘발성이 강한 작은 분자로 이루어져 쉽게 퍼져나가기 때문에 꽃의 크기나 색보다는 비교적 장거리에서 매개동물을 유인할 수 있다.

화단 샛길로 들어가서 잔디밭 너머에 서있는 안채와 사랑채를 바라본다. 흰 구름 떠가는 하늘 아래 낮게 지은 한옥이 마음 편하게 다가오고, 양쪽 화단에서 철마다 피고 지는 야생화들이 내는 소리는 오장육부를 시원하게 한다. 화장실에 오가는 길이 이러하다면 마냥 근심을 풀어내야만 하는 부담을 갖지 않아도 될 터이고, 꽃향기가 코끝을 간질이며 옷깃에 스며드

옥잠화

비비추

주목

낮달맞이꽃

바늘꽃과의 두해살이풀로 원산지
는 미국 남동부와 멕시코이다. 칠
레가 원산지인 달맞이꽃은 말 그대
로 밤에만 피기 때문에 낮에는 꽃을
볼 수 없고 향기를 맡을 수도 없다.
반면 낮달맞이꽃은 낮에 피므로 일
과 중에 꽃을 볼 수 있다. 또한 달맞
이꽃에 비해 키가 크지 않아 무리를
지어 놓아도 쓰러지는 일 없이 가지
런한 모습을 보여준다. 그리고 보통
의 달맞이꽃 종류들이 노란 꽃을 피
우는데 비해 낮달맞이꽃은 흰색으
로 피었다가 점차 옅은 분홍색으로
변하니 색다른 맛이 나고, 개화기가
길어 여름부터 가을에 걸쳐서 개화
하므로 오랫동안 꽃을 즐길 수가 있
어 이롭다.

니 다행한 일이 아니겠는가.

•

왼쪽 화단 위 뒤쪽에는 키 작은 소나무와 **주목**,
매화나무 등이 서있고 그 앞에는 가지런하게
군락을 이룬 **낮달맞이꽃**이 분홍색 웃음을 환
하게 지으면서 오가는 이를 바라본다. 크게 그
늘을 드리우고 있는 나무가 없으니 햇빛 좋아
하는 낮달맞이꽃들이 잘 자라겠다.

　함양에서 이처럼 야생화 조원이 잘 되어 있
는 정원을 볼 수 있으리라고는 예상하지 못했
다. 다행히 이곳에 야생화 조원을 이해하는 이

가 있어 맛을 보기는 했으나 그래도 허기를 채
우는 데에는 미치지 못했다.

　채송화로 하여금 담장 밖에서 손님을 영접
하게 하고 우리에게 친근한 옥잠화나 비비추
등을 적소에 심어 편안한 휴식을 주게 한다든
가, 완상할 만하지만 구하기 쉽지 않은 무늬둥
굴레나 낮달맞이꽃 등을 적절한 곳에 심어 한
옥에 어울리는 장면을 연출한 것은 산뜻한 일
이었다. 앞으로 인근 사람들이 이에 자극받아
여기저기에 더 좋은 경관을 갖추려 하는 움직
임이 이어졌으면 좋겠다.

동계 정온고택

경남 거창군 위천면 강천리

1637년 1월 30일.

인조는 세자와 신하 500여 명을 거느리고 성문을 나와 청태종이 높은 단 위에서 기다리고 있는 삼전도(三田渡)로 향했다. 단 아래 도착한 인조는 얼어붙은 맨 땅에 눈을 밟고 엎드려 네 번 절하고 아홉 번 고개를 조아리는 사배구고두(四拜九叩頭)의 항복 예를 올렸다.

이에 앞서 남한산성에선 항복을 할 것이냐 말 것이냐를 놓고 격론이 벌어졌다. 결국 최명길의 주장을 받아들여 항복하기로 결정하자, 이조참판 동계 정온은 울분을 참지 못하고 "외부에는 충성을 다하는 군사가 끊겼고, 조정에는 나라를 파는 간흉이 많도다. 늙은 신하 무엇을 일삼으랴, 허리에는 서릿발 같은 칼을 찼도다"라 하고 곧이어 의대(衣帶)에 글을 썼다.

·

主辱已極 주욕이극

군주의 치욕 극에 달했는데

臣死何遲 신사하지

신하의 죽음 어찌 더디나

舍魚取熊 사어취웅

이익을 버리고 의리를 취하려면

此正其時 차정기시

지금이 바로 그 때로다

陪輦投降 배련투강

임금 행렬 따라가 항복하는 것

余實恥之 여실치지

나는 실로 부끄럽게 여긴다

一劍得仁 일검득인

한 자루의 칼이 인을 이루나니

視之如歸 시지여귀

죽음 보기를 고향에 돌아가듯

글을 다 쓴 동계는 차고 있던 칼을 빼어 스스로 배를 찔렀다. 선혈이 낭자할 때 주변에 있던 조신들이 돌보아 다행히 중상만 입고 목숨은 끊어지지 않았다.

이틀 후 인조가 항복하기 위해 성을 나서자 동계는 홀연히 가마를 타고 고향 거창으로 내려와 금원산과 기백산 줄기의 산자락에 은거하면서 백이숙제(伯夷叔齊)처럼 죽을 때까지 미나리와 고사리를 먹고 살았다. 요즘도 후손들이 동계 제사를 지낼 때는 제사상에 반드시 고사리와 미나리를 올려놓는다. 이 집에서 고사리와 미나리는 단순한 채소 이상의, 의리와 절개의 상징인 것이다.

·

거창 수승대 조금 못 미쳐 위천면 강천리라는 마을로 간다. 이 마을엔 국가중요민속자료 제205호 동계종택이 있다. 동계의 사당을 모시고 후손들이 대를 이어 살아온 종택으로 대문채, 큰 사랑채, 중문간과 중사랑채, 곳간채, 안채,

안사랑채, 사당, 토석 담장으로 구성되어 있는 집이다. 솟을대문에 '문간공 동계 정온지문(文簡公 桐溪 鄭蘊之門)'이란 붉은 바탕의 정려 (旌閭) 현판이 걸려 있어, 대문을 들어서는 사람으로 하여금 옷깃을 절로 여미게 한다.

이 집은 정온(鄭蘊) 선생의 생가로 그의 후손들이 1820년에 중창하여 오늘에 이르고 있다. 솟을대문의 대문채를 들어서면 남향의 사랑채가 있다. ㄱ자형에 정면 6칸, 측면은 2칸 반이고 ㄱ자로 꺾여 나온 내루 부분이 반 칸 규모이다. 이 집에서 주목할 점은 두 줄로 된 겹집이며 전퇴를 두었다는 것, 내루에 따로 눈썹지붕을 만들었다는 점이다. 안채도 남향인데 정면 8칸, 측면 3칸 반의 전·후퇴 있는 두 줄의 겹집으로 사랑채의 평면 구성과 함께 주목을 끈다. 남쪽지방인데도 북부에서 많이 보이는 겹집의 형태를 갖추고 있으나 안채나 사랑채의 기단이 낮은 반면에 툇마루가 높게 설치되어 남부의 특색에서 벗어나지는 않았다.

안채로 들어가려면 사랑채 좌측의 중문을 통하도록 되어 있다. 네모진 안뜰을 중앙에 두고 사랑채와 안채, 좌우로 부속건물이 위치해 있다. 서쪽에는 정면 4칸, 측면 2칸의 큼직한 곳간이 있고, 뒤편에는 화장실이 있다.

마당 동쪽의 서향한 뜰아래채는 4칸이다. 사당은 안채 향원의 삼문을 지난 안쪽에 자리하며 전퇴가 있는 3칸 집이다. 규모가 크고 부재를 넉넉하게 쓴 기와집들이라서 장대하고 훤칠하다.

목단

내한성이 강한 낙엽관목으로 중국
서부가 원산이며, 신라시대 선덕여
왕 때의 기록으로 미루어 중국에서
도입된 귀화식물로 추측된다. 함경
도를 제외한 전국에 분포하고, 5월
에 새 가지 끝에 흰색 또는 자줏빛
이 도는 꽃을 피운다.

·

대문채를 지나 큰사랑 앞에 서니 정면이 6칸이
나 되는 중후하고 단정한 건물이 우람한 품을
벌리고 일행을 맞는다. 돌출된 누대에 올라 뜰
안팎을 둘러보니 건물과 뜰, 회랑 사이의 공간
비례가 정연하여 삿됨이 끼어들 여지가 없어 보
인다.

사랑채 앞에는 원형의 화단이 조성되어 있
는데, 화단 중앙에는 **목단**이 거무죽죽한 줄기
에 녹색의 풍성한 잎을 달고 주인 자리에 앉아
있다. 고택의 정원에 서서 선혈이 낭자한 듯
붉은 꽃잎 속을 들여다보노라니 동계 선생의
의열과 충절이 매섭게 느껴진다.

목단은 그 붉은 순정을 겹겹이 들춰냄으
로써 더욱 사랑을 받는다. 그래서 시인 이종인
은 밤낮으로 목단을 사랑할 수밖에 없음을 고
백하고 있다.

·

목단꽃 당신

이종인

보란 것 없이 사는 일 사람된 내가
인간에게 상처투성이가 되어
깊은 산 속에서 약을 들이켤 즈음
발아래 피를 토하며 피는 꽃을 보았다

당신도 길 없는 벼랑 끝에 서서
나보다 먼저 약을 먹었는가
천만에요,
눈보라 속에서 준비해온 삶
겁탈 당하려는 순간 놀라
한꺼번에 피는 사랑으로 비명을
질렀습니다

대명천지에 인간보다 독한 약은 없어
해독의 방법으로 크게 벌린 가슴
강간의 길에서 부끄럼 없는 시대의
얼굴들이
갓 태어난 처녀를 찾아 두리번거릴
때마다
내 심장은 바람 없이도 초조했으나

아흔아홉 가지 그리움을 버려서라도
한 사람의 절망하는 사랑을 품기 위해
밤이면 전신을 오므립니다

밤이든
낮이든
나는 더 바라볼 길이 없으니
그대 속에 들어가 강물처럼 흘러도
좋은가

·

안뜰을 가로질러 뜰아래채로 가니 장독대가 보

인다. 항아리들은 하나같이 먼지 하나 없이 반
질반질하다. 그도 그럴 것이 이 댁 종부 최여사
의 음식솜씨가 다 여기서 나는 셈이니 윤기가
날 수밖에. 연전에 영국 여왕이 안동 하회마을
을 방문했을 때 서애고택(종부는 최여사의 동
생)에서 장만한 상 위에 최여사의 음식들이 몇
점 오르기도 한 터이다.

•

장독대로 가는 길가에는 비단 금침을 깔아놓
은 듯한 분홍색 **꽃잔디**가 두껍게 깔려 있고 화
단에는 수국, 접시꽃, 참나리와 목단이 가지런

히 자리 잡고 있다. 최여사는 장독대로 갈 때마
다 치맛자락에 분홍색 꽃잔디가 물드는 것을
느끼면서 사라락사라락 걷는다.

•

중문을 지나 곳간채로 가는 길가엔 돌을 두 단
으로 쌓아 높직한 화단을 조성했다. 동향에 매
화나무, 모과나무 그늘이 져 있어선지 돌에는
이끼가 켜켜이 끼어 세월이 느껴진다.

이끼를 자세히 들여다보면 어떤 식물보다
도 신비롭게 생겼음을 알 수 있다. 여느 꽃과
는 다른 구조에 가지런함이 특징인 초록색 군

꽃잔디

미국 동부가 원산인 높이 키 10㎝ 내외의 다년초로, 꽃이 예쁘고 크기가 나지막해서 관상용으로 인기가 높다. 크기에 비해 가지가 매우 많이 갈라져서 꽃을 피워내면 장관을 이룬다. 잔디처럼 지면을 완전히 덮어버린다고 해서 꽃잔디라 하는데, 꽃 모양이나 줄기의 생김새는 패랭이꽃을 닮아서 지면패랭이꽃이라고도 부른다. 꽃 색은 적색, 자홍색, 분홍색, 연분홍색, 백색 등으로 다양하고 화려하다. 겨울 동안에 앙상한 줄기만 남아 있어 죽은 것처럼 보이다가도 봄이 되면 화단 그득 꽃을 피워내 정겨움이 새록새록 배어난다.

이끼

락은 보는 이로 하여금 안정감을 느끼게 한다. 이끼는 종류가 많고 또 종류별로 느낌도 많이 다르다. 녹색의 이끼를 잘 알고 조경하면 깊은 삼림이나 계곡의 모습을 재현할 수 있고, 양지쪽의 돌에 피는 검버섯 같은 이끼로는 고태미를 연출할 수도 있다. 여기 한옥 정원석에서 끼어 있는 이끼도 그 맛을 톡톡히 내고 있다.

•

화단에는 매화나무, 모과나무를 비롯하여 목단, 회양목, 누운주목, 영산홍 등 주로 꽃나무들이 심어져 있다. 1,500평 대지의 70칸 저택을 쓸고 닦는 일만 해도 쉬운 일이 아니고 방문객들도 끊이지 않으니 정원까지 자주 손질을 할 형편이 못 된다. 그러니 한번 심어 놓고 자주 돌보아 주지 않아도 되는 식물들을 심을 수밖에 없다. 들꽃 종류는 그저 주인이 좋아하는 몇 가지만 있으면 족하다.

안채를 끼고 오른편으로 돌아가니 대나무 숲에 싸인 사당이 나온다. 사당은 대개의 경우 안채 뒤편에 좌우로 약간 비껴 앉히는 경우가 보통인데, 이 댁에서는 중간에 위치시켰다.

사당 안에는 배롱나무 한 그루가 붉은 꽃을 피우고 있어 동계의 단심이 오늘날까지도 꽃 피우고 있는 듯하다.

사당 주위에 대나무를 심은 까닭 역시 동계의 절의(節義) 때문이리라. 국문학 발전에 큰 족적을 남긴 고산 윤선도는 〈오우가(五友

歌)〉에서 수(水), 석(石), 송(松), 월(月)과 함께 죽(竹)을 다섯 벗으로 표현했다.

•

나무도 아니고 풀도 아닌 것이,
곧게 자라기는 누가 그리 시켰으며,
또 속은 어이하여 비어 있는가?
저리하고도 네 계절이 늘 푸르니,
나는 그것을 좋아하노라

•

늘 푸름을 유지하는 대나무를 찬양하면서 자신의 변치 않는 절개를 대나무에 빗대었던 것이다. 권모와 술수가 판치는 현실 정치에 부합하지 못한 채 유배와 귀양으로 점철된 질곡의 생을 이어온 윤선도에게 다섯 벗은 지조와 절개의 삶에서 이탈하지 않겠다는 다짐이기도 하였다.

동계 또한 신하로서 군왕의 치욕을 두고만 볼 수 없어 죽음으로 의를 지키려 하였던 것이니 마땅히 그의 사당 주위엔 대나무를 심어야 옳을 일이다. 사군자 가운데서도 선비의 지조와 절개의 상징물로 소나무와 더불어 대나무를 으뜸으로 손꼽았고, 두 나무를 가리켜 송죽(松竹)이라고 칭했으니 말이다.

대나무는 그 외에도 상징하는 바가 여럿 있다. 우선 군자에 빗대는데, 대나무의 우아한 곡선과 날씬한 형은 현자의 상인 동시에 예지의 모습을 보이고 밑으로 숙인 잎과 속은 겸손에 비유되어 덕을 겸비한 선비를 상징한다.

둘째로 지조 있다고 보는 것인데, 대나무의 줄기는 곧게 뻗고 마디는 뚜렷하다. 마디 사이는 속이 비어 통을 이루고 마디는 막혀 강직함을 유지한다. 줄기는 세로로 쪼개지며 잎은 늘 푸르러 선비의 지조와 부녀자의 절개에 비유되는 이유다. 대쪽 같은 사람이란 불의와 일체 타협치 않는 지조 있는 사람을 가리키는 바, 정몽주의 선죽교나 민영환이 자결한 곳에 혈죽(血竹)이 돋아났다는 이야기로 절개를 상징하고 있으니 이 또한 동계에게 어울리는 소이(所以)이다.

셋째로 대나무는 단결심, 의협심을 지칭한다. 땅 밑에 그물처럼 얽혀 있는 뿌리를 보고 이르는 말인데, 집안에 대나무를 심는 것은 단결하여 번창하고자 하는 염원과 단결의 바탕에 의를 두자는 뜻이 내포되어 있는 것이다.

넷째로 신성 또는 신의 강림처를 의미한다. 죽림에 함께 그려진 호랑이나 혼인의 초례상에 송죽을 꽂고 청실홍실을 걸어 연결하는 것은 신의 가호를 비는 뜻이 있다.

다섯째는 평안을 기원하는 뜻이다. 대숲이 불에 탈 때 '팡팡'하는 소리를 내는데, 그 굉음으로 잡귀를 쫓아내고자 하는데서 이러한 은유가 생겨났다.

마지막으로 중국 위나라와 진나라 때 죽림칠현(竹林七賢)의 고사에서 비롯되어 대숲은

어진 이와 성인의 은거지라는 뜻을 가지고 있다.

사정이 이러하니 동계고택 사당의 대나무는 자체로서 동계를 대변하고 있지 아니한가!

·

동계의 행적을 좇아 한참을 돌아보고 사당을 나오니 어느새 그의 기운이 머리를 누른다. 머리도 무겁고 가슴도 답답하여 고택에서 200m 정도 떨어져 있는 곳에 위치한 초계 정씨 재실로 발길을 돌렸다. 재실은 위천천 옆에 높은 축대를 쌓고 부지를 조성한 터 안쪽에 자리 잡고 있는데, 정원은 넓고 축대 가장자리를 따라 심은 오래된 벚나무엔 이끼가 두껍게 끼어 있다.

·

일렬로 늘어선 벚나무들의 수령은 족히 50년은 되어 보인다. 몇몇 나무는 고목이 되어 줄기 가운데가 움푹 패어 있어 재실의 분위기를 한층 예스럽게 한다. 축대를 따라 서있는 20~30주의 커다란 나무에 화사한 꽃이 구름처럼 피어오르면 일주일 동안은 온전히 **벚꽃**나라를 이룰 것이다. 5개의 작은 꽃잎은 봄바람에 날려 주위를 하얗게 수놓기도 하고 수승대 아래의 깊은 담소 안에 켜켜이 쌓이기도 한다.

·

벚꽃

동계고택의 야생화들이 종류나 수량에 있어 그리 넉넉한 편은 아니나 너른 정원에 균형 있게 식재된 목단과 영산홍 등이 꽃나무 사이사이에서 산뜻하게 피어 한옥을 빛내주고 있다. 장독대로 가는 종부의 치맛자락에 물드는 분홍빛 꽃잔디는 풍요롭고 화사한 현 생활을 얘기하고, 사당 주변에 가득한 대나무의 바람소리는 그 옛날 동계의 절의를 일깨우기도 한다.

이렇듯 고택의 야생화들에게선 만만치 않은 기품이 느껴진다. 재실 또한 마찬가지여서 물 위에 비친 벚꽃을 보는 맛은 참으로 그윽하기까지 하다.

안동 하회마을
경북 안동시 풍천면 하회리

하회마을은 풍산류씨 일문의 관향으로서, 600여 년 동안 한 곳에서 대를 이어 살아온 우리나라의 대표적인 씨족마을이다. 낙동강 줄기가 S자 모양으로 회류(回流)하는 넓고도 시원한 경관이 펼쳐진 곳에 자리하고 있다. 흔히들 하회마을의 지형을 태극형 또는 연화부수형(蓮花浮水形)이라 부르기도 하는데, 정작 마을을 돌아보면 연화나 그 비슷한 들꽃들은 그다지 많이 보이지 않는다.

•

강 건너 남쪽 대안에는 영양 일월산 지맥인 남산(南山)이 있고, 마을 뒤편에는 태백산의 지맥인 화산(花山)이 마을 중심부에까지 완만한 줄기를 뻗쳤다. 그 끝은 충효당(忠孝堂)의 뒤뜰에서 멈췄다고 한다. 강의 북안에는 깎아지른 절벽 위에 부용대(芙蓉臺)가 얹혀 있는데, 강 건너에서 바라보면 마치 푸른 구름 위에 있는 신선의 장원이 강물 따라 흐르는 듯하다. 지리 따라 인물이 난다는 말이 허전은 아닌가 보다. 양진당(養眞堂)은 서애 유성룡(西厓 柳成龍)의 형인 겸암 유운룡(謙菴 柳雲龍)의 종가댁 사랑채이고, 충효당은 서애 유성룡의 문하생들이 선생 사후에 그 유덕을 기리는 뜻으로 지은 집이다.

•

역사와 전통가옥으로 들어찬 동네 고샅을 기웃거린다. 훌륭한 야생화 조원 장면이 보물처럼 어딘가에 숨어 있을 것이란 기대를 하면서. 보물은, 어느 대갓집 솟을대문을 들어서자마자 때 이르게 발견하였다. 안마당 정원 초입에 **찔레꽃**이 피어 있었던 것이다. 짙은 녹음을 드리우는 나무들 사이로 삐져나온 찔레나무 덤불에는 하얀 꽃이 가득 달려 있었고 옅은 향기는 아련한 추억을 불러 일으켰다.

찔레꽃을 정원에 심는 이는 한 세월 가슴이 시려서 많이 앓았을 사람이다. 어릴 적에 잡았던 아버지 손에서 나던 흙냄새를 못 잊고, 어머니 손에서 나던 온기를 오래도록 느껴 왔을 사람이다. 첫사랑이 동구 밖 아카시아나무 사이를 돌아나가던 장면을 망막에 얹고 지냈을 사람이다. 그러니 보물은 마음의 정원 한켠에 옛사랑을 품고 사는 '따스함'일 것이다.

•

오래 되고 허름한 기와집에서는 잘 지은 집들에서 느끼는 것보다 조금 더 각별한 맛이 난다. 지금 이 집이 그런데, 담장만 해도 그렇다. 굳이 담의 명칭을 붙이자면 황토막돌 기와담이라 해야 적절할 것인 바, 아무튼 가깝게 구할 수 있는 소재들로 몸통을 쌓고 거기에 기와를 올린 것이다. 이들만으로도 한국적인 구수한 된장맛이 나는 터에, 거기다 더하여 **붓꽃**을 담장 밑에 주욱 심어놓았으니 특이하기도 하고 들어오고 나가는 길에조차 문재(文才)가 배어 있다.

　붓꽃은 이른 봄 피어나는 꽃봉오리가 선비들의 붓을 닮았다 하여 붙여진 이름이다. 때문에 사대부들은 다투어 집 정원에 이 꽃을 심었다. 그도 모자라 이 집 주인은 담장 밑에도 심어 오가는 길에서도 글쓰기를 생각하였다.

·

어느 집 기와담장 앞 화단에는 자연석 사이사이에 **참나리**가 막 피어나고 있다. 예전에는 이 나라 어디에서든 쉽게 볼 수 있었던 들꽃이 바로 참나리였는데 최근에는 구경하기가 그리 쉽지 않게 되었다. 여느 시골 초가집 울타리 안, 비록 손바닥만 하게 작긴 해도 조그만 화단이 하나씩은 있었고 거기에는 예외 없이 참나리, 봉선화 등이 피어 있었다. 한여름 뙤약볕이 내리쬘 때면 다른 식물들은 해파리같이 늘어져도 유독 참나리만은 저 아래 멀리 신작로 가에서 반짝이며 파들거리는 미루나무 이파리를 건너다보며 주홍색 꽃잎을 활짝 젖히고 씩씩하게 정오의 햇살을 즐기는 장면을 숱하게 많이 보았었다.

　참나리는 그렇듯 흔하고 정겨워서 나리과 식물들을 대표하여 그냥 '나리'라고 불렸다. 우리나라의 산이나 들 어디서고 잘 자라지, 주근깨 똑똑 찍힌 얼굴 예쁘지, 건강하지, 번식 잘 하지, 누가 캐 가도 아깝지 않지, 그러니 사랑스러울 밖에. 아이들은 꽃밥을 입에 물어 입술이 불그죽죽해지면 친구에게 입을 비쭉 내밀

어 원시인 같은 용맹함을 과시했고, 어른들은 그다지 탓하지도 않으면서 빙그레 웃어넘기던 옆집 순이 같은 꽃이 이 나리꽃 아니던가!

·

야트막한 사랑

강형철

사랑 하나 갖고 싶었네
언덕 위의 사랑 아니라
태산준령 고매한 사랑 아니라
갸우듬한 어깨 서로의 키를 재며
경계도 없이 이웃하며 사는 사람들
웃음으로 넉넉한

사랑 하나 갖고 싶었네
매섭게 몰아치는 눈보라의 사랑 아니라
개운하게 쏟아지는 장대비 사랑 아니라
야트막한 산등성
여린 풀잎을 적시며 내리는 이슬비
온 마음을 휘감되 아무것도 휘감은 적
없는

사랑 하나 갖고 싶었네
가슴이 뛸 만큼 다 뛰어서
망둥이 한 마리 등허리도 넘기 힘들어
개펄로 에돌아

찔레꽃

붓꽃

참나리

봉숭아

서해 긴 포구를 젖어드는 밀물
마침내 한 바다를 이루는

사랑 하나 갖고 싶었네
이제 마를 대로 마른 뼈
그 옆에 갸우뚱 고개를 들고 선 참나리
꿀 좀 핥을까 기웃대는 일벌
한 움큼 얻은 꿀로 얼굴 한번 훔치고
하늘로 날아가는

•

참나리 있는 곳에 **봉숭아**가 있다 했던가. 즐비한 기와집들을 뒤로 하고 초가집들이 늘어선 곳에 이르니 고구마밭 한가운데에 봉숭아가 피어 있다. 보통 마당 한 귀퉁이에 섰기 마련인데 이렇듯 밭 가운데에서 피다니, 흔치 않은 풍경이다.

장독대 옆에 봉숭아가 피면 엄마는 누이의 열 손가락을 무릎 위에 올려놓고 백반에 버무린 봉숭아 꽃잎으로 감싼 후 실로 칭칭 동여매어 주었다. 첫눈이 내릴 때까지 손톱에 봉숭아물이 남아 있으면 첫사랑이 이루어진다는 말에 누이는 반짝이는 눈빛으로 어떤 모습이

도라지

나올까를 궁금해 하며 이불 위에 가지런히 손을 모으고 긴 밤을 잤다. 아침에 일어나면 골무 같은 봉숭아덮개가 더러는 손톱을 빠져나와 이불 속 여기저기에 나뒹구는 것을 손톱에 다시 끼워 넣었다. 행여 첫사랑이 달아나지나 않을까 하여.

마을 뒤쪽 개활지 한켠에는 **도라지**꽃도 한창이다. 도라지는 순박하고도 충직하다. 동물로 치자면 아마 소 같은 덕성을 지니지 않았을까.

백도라지는 끓여 영감 목구멍을 깨끗이 하는 데 쓰고, 보라도라지는 그 옛날 삼단같이 까만 머리칼은 아니 되더라도 보라색은 되겠다 싶어 머리칼 허연 마누라에게 먹였다. 뿌리를 캐서 껍질을 벗기거나 그대로 햇볕에 말린 것을 길경(桔梗)이라고 하는데 인후통, 치통 편도선염, 거담, 진해, 기관지염 등에 효과를 내니 반찬으로는 물론 가정상비약으로도 활용해 왔던 것이다. 풍선처럼 생긴 꽃눈이 자라서 드디어 터지면 꽃이 되는데, 마누라가 아침마다 저 꽃을 보면서 이제나저제나 꽃봉오리가 터지기를 고대하던 이유가 다 있었던 것이다.

．

신라시대 동해의 어느 마을에 부모님을 여
의고 오빠와 단둘이서 사는 처녀가 있었는
데, 그녀의 이름이 도라지(道羅至)였다. 도
라지는 마을 허드렛일을 하면서 오빠가 공
부하는 것을 도와주었다. 도라지가 17살이
되자 오빠는 중국으로 공부를 하러 떠나
게 되었고 도라지는 산속에 있는 절로 떠
났다. 10년 후 오빠가 중국에서 과거에 급
제했다는 소식을 들었으나 벼슬을 얻은 뒤
거기서 정착을 했는지 소식이 없었다. 어
느덧 세월이 흘러 도라지는 할머니가 되었
다. 어느 날 도라지는 높은 산에 올라가 바
다를 바라보며 '지금이라도 오빠가 돌아오
시면 좋을 텐데...'하는 생각을 하염없이 하
고 있었다. 그때 갑자기 등 뒤에서 "도라지
야, 이 오빠가 왔어!"하는 소리가 들렸다.
깜짝 놀란 도라지는 얼른 뒤를 돌아보았지
만 오빠의 모습은 보이지 않고 흩어지는
햇살만 반짝이고 있었다. 망연자실한 도라
지는 기진해 죽고 말았다. 이듬해 도라지
가 죽은 자리에서 보랏빛 꽃이 피어났는
데, 사람들은 그 꽃을 도라지의 영혼이 깃
든 꽃이라 해서 도라지꽃이라 불렀다.

．

바쁠 일 없이 한가롭게 어슬렁거리며 마을을

돌아다녔는데도 다리가 아파오는 걸 보면 어지간히 걸었나보다. 어느새 앞에는 낙동강 둑이 나오고 강변엔 솔밭이 우거졌다. 하회마을에선 특별히 아름답게 조성된 야생화 조원 경관을 보지 못했다. 여느 마을보다 전통성을 잘 간직하고 있는 마을은 당연히 우리 꽃으로 잘 조원했을 것이라 생각했고 큰 보물이 있을 것이라 기대도 컸다. 그러나 사실은 이에 훨씬 못 미쳤다.

그렇더라도 한편으로 생각하면 보물은 이미 건졌는지 모른다. 왜냐하면 지금까지 보아온 찔레며 참나리, 봉숭아, 도라지 등이 특별하거나 세련된 조원장면을 보여주지는 못했지만 그들 모두는 매우 익숙하고도 친근한 우리 들꽃들로 이곳 사람들의 마음속에 자연스럽게 자리를 잡고 있고, 우리는 그들이 내는 숨결에 은연중 공감하고 있었기 때문이다.

성주 한개마을

경북 성주군 월항면 대산리

한개마을에 당도하여 마을 뒷산과 펼쳐진 작은 능선들 그리고 숲 사이에 자리 잡은 고택들을 바라보니 타임머신을 타고 조선시대 한 가운데 와 서있는 듯하다. 마을길은 잘 쌓여진 담장들로 구획되어 정연한 성리학 책갈피를 넘기는 듯하고 마주치는 집마다 단아하게 좌정한 솟을대문이 오롯하며, 그 안마당은 너르고 가지런하니 여유 있으면서도 엄격해 보인다.

성산이씨 집성촌인 한개마을은 전형적인 배산임수형 지형에 자리 잡고 있다. 마을 뒤쪽에는 영취산의 산줄기가 좌청룡 우백호로 뻗어 있고 앞쪽에는 백천이 굽이굽이 흘러내린다. 그런 지세로 인해 옛날부터 영남의 대표적인 길지 중 하나로 꼽혔다.

한개마을의 '한개'는 '큰 나루'를 뜻한다. 옛날엔 낙동강 물길을 따라 이동하던 나룻배가 백천의 물길을 거슬러서 마을 앞까지 오르내렸고, 경상도 각지에서 몰려든 사람들로 한개마을은 늘 북적거렸다고 한다. 하지만 지금의 백천은 거룻배조차 오갈 수 없을 만큼 수량이 적어서 옛날의 나루터 풍경을 상상하기란 쉽지 않다.

마을에 들어서니 좌우로 Y자 형태의 큰길이 나있다. 갈림길 지점에 진사댁이 있고 왼쪽 길로 들어서면 교리댁, 북비고택, 월곡댁이 차례대로 나온다. 오른쪽 길로 접어들면 하회댁, 극와고택, 한주종택이 잇달아 나타난다.

북비(北扉)고택은 돈재 이석문이 사도세자가 뒤주에 갇혀서 죽은 후에 그를 지키지 못한 죄책감과 그를 애도하는 마음으로 북쪽을 향하여 사립문(북비 : 비란 사립문을 뜻하는데, 전통적으로 북쪽으로는 사립문을 내지 않음)을 내고 평생을 은거하여 후세 사람들이 그의 절의를 칭송하게 된 집이다. 그가 선전관 벼슬을 지낼 적에 사도세자가 갇혀 있는 뒤주에 돌을 올려놓으라는 어명을 받았으나 끝내 거절하고 세손(후일의 정조)을 업고 들어가 영조에게 부당함을 간하다가 매를 맞고 파직을 당할 만큼 그는 올곧은 선비였다. 후일에 영조가 다시 훈련원주부를 제수하고 또한 조정의 대신들이 출사를 권유하였으나 끝내 나아가지 않았다. 사후 그의 손자 이규진이 장원급제했을 때 정조가 특별히 불러 "조부가 세운 공이 가상하다. 아직까지 너의 집에 북녘으로 낸 문이 있느냐?"고 묻기도 하였다.

약간 경사진 곳에 위치한 대문으로 오르는 길 좌측에는 커다란 고목이 늠연하게 서있고 좌우의 자연석 사이사이에서는 맥문동과 붓꽃 등이 온화하게 손을 맞는다. 그 뒤에선 막돌황토기와담이 묵직하게 서서 내려다보고 있다. 천천히 이 길을 오르자니 한국적인 정취가 살그머니 가슴에 들어온다.

파초

북비고택에는 대문채, 사랑채, 서재, 중문채, 안채, 사당 등 여섯 동의 건물이 들어서 있다. 서향의 대문채를 들어가면 곧바로 사랑마당이고 사랑의 좌측에는 서재가, 뒤에는 사당이 있다. 사랑채 마당에 들어서자 옛 정원에선 쓰지 않던 잔디를 깔아놓아 깔끔해 보인다. 정원 안쪽에 있는 선향나무들은 동글동글하게 깎아놓아 조형적 아름다움을 나타내고 있다. 이렇듯 자연스러움 대신에 서구적 조형미를 나타내는 잔디나 선향나무들을 관리하는 모습은 아무래도 우리 선조들이 관상하던 방식은 아니다.

옛날에 있던 안대문채를 헐어낸 자리에는 잔디가 널찍하게 깔려 있어 시원한 느낌을 준다. 높직한 축대 위에 건축된 사랑채는 계단을 올라 대청 안으로 들게 되어 있는데, 왼쪽 계단 아래에는 때 아닌 **파초** 하나가 서있어 특별한 선비의 집임을 알려준다.

파초는 파초과의 여러해살이풀로서 중국이 원산지다. 그래서 예부터 중국인들은 파초를 칭송해 왔다. 도교에서 신선이 가지고 다니는 8가지 물건 중 하나가 파초일 정도로 대접을 받아 온 식물이다. 길고 넓은 잎, 이국적 분

금낭화

위기로 선인의 풍모를 지니고 있어 그림에도 자주 등장했다.

　우리나라에 들어온 것은 고려 무렵으로 추정하고 있다. 임금 옆에서 시중하는 시녀들이 들고 있는 커다란 부채를 파초선이라 하는데 바로 파초 잎을 본떠 만든 것이다. 파초는 온도가 영하 2℃ 아래로 내려가면 얼어 죽는다. 그러니 여기 북비고택에서처럼 남부지방에서만 기를 수 있다.

밤 비

백낙천

귀뚜라미는 끊임없이 울어 예고
꺼질 듯 등불이 다시 밝아라
창 너머 구슬픈 밤비소리
파초(芭蕉)에 흩뿌리며 지나가누나

·

도라지

도라지는 다년생 식물이긴 하지만 밭에 심어 가꾸면 대개 3년쯤 살다가 죽는다. 간혹 5년쯤 사는 것이 있으나 산에서 자생하는 것 역시 3~4년밖에 살지 못한다. 매우 드물게 수십 년 동안 사는 것이 있는데 그런 것이 바로 난치병 치료에 매우 좋은 약이 된다.

도라지는 맨땅의 기운을 먹고 사는 식물이어서 거름을 많이 주면 뿌리가 썩는다. 뿌리가 썩지 않도록 키우려면 거름기가 없는 척박한 땅에 심고 비료와 거름을 주어서는 안 된다. 거름기 없는 땅에 심더라도 5년쯤 지나면 땅 기운을 다 흡수해 버리므로 다른 땅으로 옮겨 심어주어야 한다.

마당 한켠에는 특이한 구조의 자혜당이 있고 그 둘레에 쌓은 돌 틈에는 붓꽃이며 영산홍, **금낭화** 등이 옹기종기 모여 있다.

·

안채 마당으로 들어가니 마당 한쪽에 가지런히 돌담을 두르고 장독대를 만들어 놓았다. 둘레에는 향나무, 주목, 영산홍, 봉숭아 등이 심어져 있다. 매우 인상적인 장면이다.

·

북비고택을 나와 황토색 막담과 회색빛 기와담이 어우러진 마을 내의 고샅길을 따라 올라가니 돌담이 나타나고 돌담 아래에선 원추천인국이 무리지어 해바라기를 하고 있다.

한개마을의 고샅길을 걸으면 유년의 향수가 일어난다. 이곳 고샅길의 담장은 대부분 흙과 돌을 섞어 쌓고 그 위에 기와를 얹어놓았다. 황토 사이사이에 크기, 색깔, 모양이 제각각인 자연석을 군데군데 박아 놓았다. 그래서 언뜻 무질서해 보일 수도 있지만 실은 현대적 감각으로는 감히 흉내조차 내기 어려울 만큼 멋스럽고 자연미가 넘친다. 세월의 더께가 묻어나는 돌담을 끼고 이리저리 골목길을 걷노라면 문득 어느 고택 대문간에서 할머니가 달려 나와 반가이 맞아줄 것 같은 착각에 빠지기도 한다.

고샅길 뒤로 약간은 퇴락한 듯 보이는 대

물옥잠

논과 늪의 물속에서 자란다. 두 자 정도까지 자라며 줄기는 스펀지같이 구멍이 많아 연약하고 잎몸은 심장 모양으로 선이 아름답다. 9월에 청색을 띤 자주색 꽃이 줄기 끝 한 뼘 정도 되는 꽃차례에 달린다. 수술은 6개인데 그 중 5개는 짧고 노란 색이며, 나머지 한 개는 길고 자주색이다. 암술대는 가늘고 비스듬히 올라간다.

문이 보이고 그 뒤에 은일하게 숨겨져 있는 한주종택이 드러난다. 이 집은 한주의 생가로서 이 마을 성산이씨들의 큰집이다. 영조 때(1757) 이민검이 건립하였으며 고종 때(1866) 성리학자인 한주 이진상(寒洲 李震相)이 고쳐 지은 모습을 지금까지 간직하고 있다.

한주종택은 한주정사라는 정자가 있는 구역과 안채와 사랑채 구역으로 구성된다. 한주정사로 들어가는 대문은 남향, 안채로 들어가는 대문은 동향이며 정자와 안채를 구분하는 담을 두고 작은 협문과 일각문을 내어 출입하게 하였다. 대문으로 들어가자 사랑채 앞에 매화나무 한 그루가 심어져 있다.

•

집안으로 들어갈수록 뒷산의 울창한 나무숲이 깊숙이 다가온다. 문득 발걸음을 멈추어 올려다보니 높이 쌓아올린 축대 위에 지어진 정자 한수헌(寒水軒)이 마치 깊은 산중의 마애불처럼 호젓하고 의연하게 앉아 있다. 정자 아래에는 근자에 쌓은 듯한 석축이 가지런한데 그 아래 뜬금없이 나타난 **도라지** 밭이 풋풋한 우리네 정서를 얹어주고 있다.

•

한수헌에 올라 아래를 내려다보면 한개마을과 그 앞에 펼쳐진 들판, 그 너머 산그리매 등이 그림처럼 펼쳐진다. 정자에서 내려와 옆에 있는 연못으로 간다. 장방형의 연못엔 물이 말라 있으

나 아직은 바닥이 촉촉하다. 연꽃이나 수련의
흔적은 보이지 않고 마을 앞 논바닥이나 수로
에서 흔히 자라는 **물옥잠**과 사마귀풀 등이 군
락을 이루고 있다. 이런 들꽃들을 정원 연못에
기르는 경우는 흔치 않다. 일부러 심은 것일까,
아니면 비싼 식물들을 사다 기르기 어려우니 쉽
게 구할 수 있는 들꽃들을 심어 놓은 것일까.

연못 둘레에 쌓은 석축은 헐겁고 가지런하
지 못하다. 아무래도 손이 덜 가는 모양이다.
연못가 산책로 주변으로는 석인상 여럿이 서
있고 소나무, 진달래, 병꽃나무 등이 자라고
있다. 여기에 물옥잠을 심어놓은 것은 아무래
도 특이하다. 부레옥잠이 제아무리 풍성하고
화려한 아름다움을 지니고 있다 하지만 간결
하고 강렬한 물옥잠 꽃에 비할 바는 아니다.

한주종택을 나와 하회댁으로 향하는 길 역시
담장이 아름답다. 20m쯤 내려왔을까, 오른쪽
에 하회댁의 잔디 마당이 보인다. 이 가옥은 전
통마을인 한개마을의 중심부에 남서향으로 위
치한 조선후기 양반주택으로서 소유자의 증조
부가 구입하여 그 자손들이 살고 있는 관계로
정확한 건립 연대나 내력은 알 수 없으나 1630
년대의 건물로 추정된다. 당호는 소유자의 모
친이 안동 하회에서 시집온 데서 연유한다. 대
문은 새로 지어 깔끔하다.

본래 한옥의 마당은 백토나 마사토를 깔아야 제멋이 난다고 하지만 서양식으로 잔디를 깐 마당도 보기는 좋다. 문화재로만 볼 것이 아니라 사는 사람 생각도 해야 한다는 주장이 설득력 있게 들리는 대목이다. 하회댁은 목재의 표면을 깎아내고 칠을 하여 고색은 사라졌지만 깔끔한 손길이 느껴지는 살림집이다. 흙과 돌로 두껍게 지어 단열 기능을 갖춘 고방채도 볼 만하고 사랑채가 아닌 안채에 난간을 두른 쪽마루가 달린 것도 특이하다. 그래서 집 이름에 부인의 고향 이름이 붙었나보다.

일각문 오른쪽 귀퉁이 벽을 타고 장미가 올라가고, 아래쪽 화단엔 여러 가지 종류의 꽃들이 심어져 있다.

겉모양은 한옥이지만 수세식 화장실과 욕실을 갖추고 입식 부엌에 보일러 온돌을 갖춘 한옥에서 살면 한옥의 멋과 실용을 함께 누릴 수 있는 예를 여기 하회댁에서 본다. 안채 앞뜰엔 화분과 올망졸망한 소품들이 배치되어 있다. 생활 속 화초들의 모습이다.

고택을 현대생활에 편리한 구조로 개량해서 살고 있는 하회댁은 사람 냄새가 훈훈하게 나는 집이다. 사람이 살고 있지 않은 고택을 보존하는 일이야 의당 그러해야 하겠으나, 여기처럼 현대인이 더불어 살아가는 모습을 보니 자칫 을씨년스럽거나 퇴락한 모습의 고택을 보는 것보다 부담이 덜하다는 생각이 든다.

한개마을은 자체가 조선조의 마을박물관이다. 여기에 한주정사의 별서와 같은 야생화의 보고까지 갖추고 있으니 금상첨화가 아닐 수 없다. 다만 한 가지 아쉬운 것은 야생화가 고택과 고샅길에 궁합이 잘 맞는 소재인데도 실제로 이러한 모습이 실현된 곳이 드물다는 것이다. 고택을 보존하려고만 할 것이 아니라 야생화 조원 등을 통하여 사람의 숨결이 살아 숨 쉬는 곳으로 조성했으면 좋겠다.

독락당

경북 경주시 안강읍 옥산리

독락당(獨樂堂)은 영천, 안강에 일이 있을 때면 즐겨 찾던 곳이다.

낙동정맥이 경주시 안강, 포항시 기계와 영천시 임고 경계지점에 이르러 도덕산과 자옥산을 이룬 후 계속 경주 방향으로 남향할 적에, 도덕산에서 동쪽으로 어래산 가는 능선을 만들어 깊은 골짜기를 하나 이룬다. 이 골짜기의 급경사가 완만해지는 곳에 독락당과 옥산서원이 위치하여 회재의 일을 상기시키고, 자계천의 맑은 계류가 근심을 덜어주기 때문에라도 그냥 지나칠 수 없었다. 이제 그 길을 다시 가서 나를 끌어당기던 이유를 좀 알아봐야겠다.

·

안강국도에서 옥산리로 들어가는 길목에 서있는 노송군락은 하늘금을 보이는 무릉산을 배경으로 한다. 초록의 논 가운데 짙은 녹색의 다발로 서서 보는 순간 가슴 속에 솔향기가 배어들게 한다. 소나무는 우리 정서에 잘 맞는 나무다.

〈조홍시가(早紅柿歌)〉로 우리에게 잘 알려진 노계 박인로(蘆溪 朴仁老)는 이 길을 따라가며 회재의 행적을 회상하되 다음과 같이 회포를 풀고 있다.

·

자욱한 명승지에 독락당이 소쇄함을 들은 지 오래로되 물각유주하여 회재가 들은 후 독락당을 열어 내니 천간 수죽은 벽계 좇아 둘러 있고 만권서책은 사벽에 쌓였다. 상우천고하며 음영으로 일을 삼아 한 중정리에 잠사자득하여 혼자 즐겨 하시었다. 선생 문집을 자세히 살펴보니 천언만어 다 성현의 말씀이라 도맥공정이 일월같이 밝았으니 어두운 밤길에 명촉 잡고엔 듯하다.

·

회재 이언적의 수행이 얼마나 깊었으면 당대의 기라성 같은 인물들이 독락당을 찾아 현판에 시를 걸고, 정자나 대문에 글씨를 올리며 부(賦)를 지어 올렸을까.

이언적은 성종 때인 1491년에 경주 양동마을에서 성균생원 번(蕃)의 2남 1녀 중 맏아들로 태어났다. 호는 회재(晦齋), 또는 집 옆을 흐르는 자계천에서 따서 자계옹(紫溪翁)이라 하였다.

그는 평생을 단아하면서도 고취한 학문적 삶을 살았다. 23세 때에 생원시에 합격하였고 이듬해에 문과 별시에 기준(奇遵) 등과 함께 급제하였다. 41세 때 김안로의 정계복귀를 극력 반대하다가 좌천, 결국 파직되어 향리로 내려오게 되어 김안로가 국정을 담당하였던 6년간 낙향생활을 해야 했다. 이 시기는 이언적에

있어 학문의 내적 성숙기였다.

그는 어렸을 때부터 자주 찾았던 자옥산 밑에 독락당이라는 정자를 짓고 산곡을 흘러내리는 시냇가에 탁영, 징심, 관어, 영귀, 세심 등 5대를 이름지었다. 관어대 위에는 별도로 계정(溪亭)을 지어 송죽과 갖가지 화초를 심어 두고 오로지 자연과 책을 벗 삼아 소요자적하면서 복잡한 세상일을 모두 잊고 학문의 연구와 아울러 참된 진리를 찾으려는 사색에 잠겼던 것이다.

김안로 사후 경상도 관찰사로 재직하던 53세 때 양동 본가에 무첨당을 짓고, 동생을 위해 향단을 신축하였으며 독락당도 짓게 된다. 도덕산과 어래산에서 흘러내리는 계곡을 끼고 평지에 자리 잡은 독락당은 좌정한 자세가 나지

막하고 묵직하여 마치 회재 생전의 모습 같다.

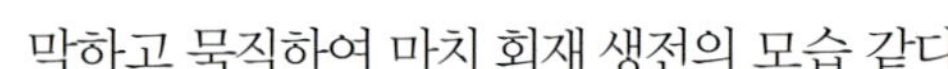

깔끔하고 단정한 솟을대문 앞 잔디밭 가장자리를 따라 야생화 정원이 가꾸어져 있다.

붓꽃은 이미 져서 씨 맺은 꼬투리를 주렁주렁 달고 있고, **사사**는 푸른 이파리를 싱그러운 바람에 내맡긴다. 담장 밑의 **남천**도 씨를 맺은 상태에서 이파리에 자주색 반점들이 점점이 박혔다.

남천은 신선이 먹는 것으로 잎을 쌀에 섞어서 먹으면 백발이 검어지고 노인이 젊어지므로 성죽(聖竹)이라 불린다. 봄에 피는 흰 꽃의 소박하고 풍성한 모양과 가을 단풍이 보기 좋고,

붓꽃

사사

남천

붉은색의 방울 열매가 줄기 끝에 촛불같이 원추형으로 피어 남천촉(南天燭)이라고도 하며, 잎이 대나무와 비슷하여 남천죽(南天竹)으로도 불린다. 중남부지방 정원에 관상용으로 애용되며, 반그늘과 습기를 좋아하지만 건조에도 강하다. 그러나 추위에는 다소 약하므로 주의해서 관리해야 한다.

겨울 열매는 비취같이 반짝여 귀해 보인다.

•

종가집 문패가 선명한 솟을대문을 밀치고 들어서면 커다란 바깥마당과 오른편의 행랑채가 보인다. 독락당은 조선 전기의 모습을 가지고 있는 초익공 형식의 공포와 솟을합장을 가진 구조의 문화재적 가치 때문에 살림집으로는 드물게 보물 413호로 지정되어 있다.

마당을 가로질러 호기심 가득한 마음으로 중문을 열면 갑자기 나타나 떡하니 앞을 가로막는 벽체와 처마의 구성에 어리둥절해진다. 종으로 횡으로 연결되는 작은 출입문을 통해서만 사랑채와 안채로 들어설 수 있을 뿐 벽체는 완강하게 사람의 진입을 허용하지 않는다.

미로 같은 고샅을 더듬어 행랑채, 사랑채, 안채를 지나 천천히 발걸음을 옮기면 가지런하게 축조된 담장을 만나고 **맥문동**이 피어 있는 계곡으로 이어진다. 아름다운 풍경 속에 맑은 물이 그득하고 계정이 운치 있다.

•

회재 이언적은 계정 옆으로 흐르는 계곡의 바람과 물 그리고 맞은편 숲조차 온전히 집안으로 끌어들였다. 도덕산, 자옥산, 어래산, 자계계곡과 근처의 정혜사까지 모두 생활 터전으로 삼아 홀로 즐거운 지경을 소요하며 음풍농월하기도 하였다.

感興^{감흥}

이언적

萬象紛然不可窮^{만상분연불가궁}

만상은 분분하여 다 밝히지 못하고

一天於穆總牢籠^{일천어목총뢰롱}

한 하늘의 이치 또한 깊고 오묘하여

모두 굳게 잠긴 새장 같구나

雲行雨施神功博^{운행우시신공박}

구름이 흘러가다 비 되어 내려주니

신의 보살핌이 넓기도 하여

魚躍鳶飛妙用通^{어약연비묘용통}

물고기가 뛰고 솔개가 나는 자연의

묘한 이치에도 통하는 바 있네

雖曰有形兼有跡^{수왈유형겸유적}

형태가 있음으로써 자취가 있다고 하나

本來無始又無終^{본래무시우무종}

본래 시작도 없고 끝도 없는 법

沈吟默契乾坤理^{침음묵계건곤리}

시를 읊으며 조용히 건곤의 이치를

맞추어 보며

獨立蒼茫俯仰中^{독립창망부앙중}

나 홀로 서서 어슴푸레하면서 아득한

일들을 위아래로 바라본다

이 시를 보면 뒷짐을 지고 먼 산을 바라보며 산책을 하는 회재의 모습이 그려진다. 그는 있는 그대로의 자연의 모습이 아닌, 자연이 말하는 것을 듣고 꿰뚫어 보는 데에서 오는 감흥을 즐기고 있다. 서정시보다는 주지시에서 강한 흥취를 느끼는 것이다.

현재 독락당에는 이언적 관계 문적을 비롯한 고문서와 아들 이전인의 모친 석씨와 처 하씨의 출자에 관한 문서와 세대별 허여(許與), 화회(和會), 별급문기(別給文記), 호구단자(戶口單子), 소송문서 및 통문, 잡문서 등이 보존되어 있다. 이러한 전적(典籍)을 통하여 회재의 가사 운영에 관한 흔적을 살펴볼 수 있고 집안 곳곳에 배어 있는 체취도 맡아볼 수 있다.

이런저런 생각으로 집안을 돌아다니다보니 담 밖으로 나서게 되었다. 계곡을 연하여 설치된 기와 담을 따라 오르며 계정 좌우의 큰 나무 아래에 발 디딜 틈도 없이 심어져 있는 **맥문동**(麥門冬) 밭을 지난다. 여기에서 자라는 것은 소엽맥문동이다. 맥문동은 뿌리가 보리와 비슷하고 잎이 겨울에도 시들지 않는다고 하여 붙여진 이름이다.

그리고 보면 회재의 예리한 성찰과 의기는 한겨울에도 시들지 않는 맥문동을 닮았다. 그래서 여기에 맥문동을 지천으로 깔아놓았는지 모르겠다.

수크령

맥문동

백합과의 여러해살이풀로 산과 들의 그늘진 곳에서 자란다. 늘 푸른 잎과 보라색의 자잘한 꽃, 까만 열매가 보기 좋아 공원이나 화단에 관상용으로 많이 심는 야생화다. 그늘에서도 잘 자라고 잎은 뿌리에서 퍼져 나오므로 잔디로 피복을 입힐 수 없는 음지를 녹지로 만드는 데 식재하면 효과가 크다.

독락당 계류를 끼고 돌아 나와 한길 건너편에 있는 산 아래 민가를 쳐다보니 석양을 받아 반짝거리는 풀잎이 있다. 가까이 다가가 보니 **수크령**이다. 수크령을 손에 잡고 위로 쓸어 올리니 까실까실하면서도 부드러운 감촉이 간지럽다. 비 오는 날, 수크령 잔가시에 맺혀 있는 작은 물방울을 헤아리다 보면 금세 진주 한 말은 얻은 듯한 기분이 든다.

회재는 피비린내 나는 사화의 격동기에 조선 주자학의 기초를 다진 인물이다. 젊은 시절 망기당 조한보와 태극에 대한 이해를 놓고 인간의 도덕적 근거가 무엇이며 그 본질을 어떻게 체득하여 이를 바탕으로 한 실천이 나올 수 있는가에 관한, 이른바 태극논쟁을 벌여 문명을 얻는다. 그런가 하면 주자를 답습하면서도 〈대학장구〉의 해석상 문제를 비판하여 〈대학장구보유〉를 짓는 파격을 보이기도 하며, 독락당 일곽 주변 자연지세와 계정을 노장과 불교식으로 명명하는데서 보듯이 주자학에만 머물지 않는 개방적인 태도를 보여주기도 한다. 그리하여 그는 영남학파의 주리론적 전통을 확립하고, 사후 이황과 함께 동방 5현으로 문묘에 모셔지게까지 된 것이다.

이렇게 그의 삶과 사유의 흔적을 더듬어 보니 비로소 자연을 향해 한없이 열려 있는 독락당의 모습이 온전히 이해되고, 그간 나를 독락당으로 끌어당기던 기운이 어디서 왔는지를 다소나마 알게 되었다. 돌아 나오는 길에 보이는 논의 벼 잎은 더 짙고 묵직한 진초록으로 물들어 있었다.

경주 양동마을
경북 경주시 강동면 양동리

경주 양동마을은 안동 하회마을과 더불어 경북 지역에서 양반들의 생활상과 주거양식을 보여주는 대표적인 민속마을이다. 마을의 규모와 보존상태, 문화재의 수와 전통성 그리고 아름다운 자연환경과 때 묻지 않은 향토성 등으로 한국을 잘 알려줄 것으로 기대되어 지난 1993년 영국의 찰스 황태자가족도 방문한 바 있다. 그렇다면 양동마을의 자연과 야생화들도 매우 전통적이고 특징 있을 법한데, 과연 어떨까 하는 궁금증이 인다.

양동마을을 찾아간 날은 덥기는 했으나 밝고 명랑한 햇살이 마을 안팎을 뒤덮고 있었다. 경주에서 포항 방면으로 가다가 안강읍으로 빠져 강동 제2교 앞에서 우측으로 돌면 양동역이 나오는데, 이 곳을 지나 산모퉁이를 돌아서니 산자락 양지쪽에 숨은 듯 펼쳐진 양동마을이 나타난다. 기계면에서 흘러드는 안락천과 형산강 줄기가 만나는 지점의 안쪽에 자리하였는데, 이 두 물줄기로 인하여 비옥해진 안강평야가 마을 바깥에 넓게 펼쳐져 있었다.

이중환은 〈택리지(擇里志)〉 복거총론(卜居總論)에서 사람이 살기 좋은 곳의 입지조건으로 지리, 생리(生利), 인심, 산수를 꼽은 바 있다. 양동마을이야말로 설창산 자락에 의지하여 안강평야를 앞에 두고 자리 잡은, 생리가 풍부한 삼남의 사대길지 중 하나로 간주될 만한 곳이다.

마을의 뒷배경이자 주산(主山)인 설창산에서 네 줄기 산등성이가 뻗어 내려 물(勿)자

형의 지세를 이루고 있는데 그 사이로 안골(內谷), 물봉골(勿峰谷), 거림(居林), 하촌(下村)의 네 골짜기와 물봉동산, 수졸당 뒷동산의 두 산등성이 그리고 물봉골을 넘어 갈구덕(渴求德) 등으로 마을이 구성되어 있다.

勿자로 뻗은 설창산 자락의 외곽선을 따라서는 손씨 가문의 집들로 채워져 있고 안쪽은 이씨 문중의 영역이다. 종가집들은 설창산 산등성이의 가장 높은 자락마다 위치하고 있으며, 그 아래로 직계 또는 방계 혈족들이 터를 잡아왔다. 양반가들은 모두 산등성이나 중허리에 터를 잡았고 평민들이 사는 집은 모두 산등성이의 아래쪽에 자리 잡아 당시 문중 내의 위계를 반영하고 있다.

·

이곳 양동마을에서는 조선 중기 이후의 우리나라 전통가옥 구조를 한눈에 볼 수 있다. 고건축의 전시장이라 해도 될 정도로 국보 1점, 보물 4점, 중요민속자료 12점, 유형문화재 2점, 기념물 1점, 민속자료 1점, 문화재자료 1점, 향토문화재 2점 등 도합 24점의 문화재가 보존되어 있다. 현대로 접어들면서 600~700채에 이르던 고가들이 151가구 295채로 줄어들었으나 안동 하회마을과 더불어 규모와 질에 있어서 이처럼 우리의 전통가옥이 많이 밀집되어 있는 곳은 찾아보기 힘들다.

한옥들은 서로 구조는 비슷해 보여도 각

기 개성이 뚜렷하다. 기단만 하더라도 댓돌을 여러 겹 축조하여 높게 만들고, 그 위에 주초를 놓아 기둥을 올린다. 그리하여 지습(地濕)을 현저히 줄이게 되어 쾌적한 환경을 만들게 되는데 이러한 기단이 집집마다 다르게 나타난다. 또한 직사광선을 막아주며 공기 대류로 추위와 더위를 완화시키는 처마 또한 깊이와 높이에 있어서 천차만별이다. 지붕이나 담, 구들, 마루도 마찬가지이고 담에 걸친 **배롱나무** 가지에서도 저마다의 개성이 드러난다. 이러한 시각을 가지고 접근하면 즐거움이 배가된다.

때는 바야흐로 배롱나무 철이다. 마을 곳곳 집 안뿐만 아니라 집밖이나 길가에도 수없이 많은 배롱나무가 서서 붉고 하얀 꽃을 피워 마을을 울긋불긋 수놓고 있다. 요즘은 배롱나무를 분재로 길러 집안에서 두고 보는 경우도 많다.

배롱나무를 분재로 기를 때는 수형 다듬기를 잘 해야 한다. 이때에는 순따기를 적절하게 해주어야 하는데 새순이 돋아나기 시작하면 꼭 필요한 순만 남기고 따준다. 가지 속

배롱나무

에서 나오는 순, 가지 밑이나 겨드랑이에서 나오는 순은 필요 없으므로 모두 따준다.

순치기도 해야 한다. 배롱나무의 꽃은 새 가지 끝에 피기 때문에 대개는 새 가지가 길게 자라서 수형이 흐트러져도 꽃을 보기 위해 긴 가지를 자르지 못하곤 한다. 그러나 새 가지를 잘라주면 짧은 가지에서 꽃이 피어 수형이 아름다운 상태에서 꽃을 볼 수 있으므로 순치기를 해주면 좋다.

가지치기는 봄에 새순이 나오기 전인 4월 중순경 2~3눈 남기고 잘라준다. 가을에 하면 가지가 마르기 쉬우므로 보기 싫더라도 그대로 두고 월동시킨 후 봄에 가지치기하는 것이 좋다.

·

양동마을의 안쪽 골에는 손씨와 이씨의 대종가인 서백당과 무첨당이 위치하고 있으며, 바깥쪽 골에는 손씨와 이씨의 파종가인 관가정과 향단이 위치한다. 종가의 가장 중요한 임무는 조상의 제사를 모시는 것인데, 이를 통해 가문의 사람들이 한 뿌리의 혈연적 동질감을 인식할 수 있게 한다. 또한 집안 내의 도유사(都有司)와 문장(門長)은 엄격한 예절과 가문의 질서를

송엽국

석류풀과의 여러해살이풀로 남아 메리카가 원산지이다. 추위에 강하고 잘 퍼져서 우리나라 남부지방에서 자주 볼 수 있다. 형광빛 도는 분홍색 꽃은 국화를 닮아 꽃차례가 얌전하고 화사하며, 바위솔 잎을 닮은 길쭉하고 통통한 잎은 귀엽게 생겼다. 꽃은 목이 말라야 잘 피고 옆으로 퍼지면서 가지를 많이 낸다. 4월부터 늦게는 10월까지 줄기차게 꽃이 피는데 햇빛이 있을 때 피었다가 저녁에는 오므라든다.

봉숭아

봉선화과에 속하는 한해살이풀. 꽃의 생김새가 봉(鳳)을 닮아 봉선화라고 부르며 봉숭아라고도 한다. 꽃은 7~8월에 잎겨드랑이에 1~3송이씩 모여 피며 꽃 색은 품종에 따라 여러 가지이다. 꽃잎과 꽃받침잎은 각각 3장으로 꽃받침잎 1장이 길게 꽃 뒤로 자라 거(距)가 된다. 열매는 삭과로 익는데 살짝만 만져도 황갈색 씨가 톡톡 터져 나온다. 인도, 말레이시아, 중국 남부가 원산지이나 우리나라에 귀화된 지 오래다.

잡아줌으로써 500여 년 간 그 전통을 이어 내려오게 하였다.

선비들은 날마다 자신이 몰랐던 것을 알아가고, 달마다 자기가 잘 하는 것을 잊지 않으려는[日知其所亡일지기소망 月無忘其所能월무망기소능] 겸허하면서도 강인한 수행의 삶을 살아가는 수도지위교(修道之謂敎)를 실천하였으며, 지조와 절개를 생명처럼 여겼다.

공익을 위한 일이라면 자신의 불이익을 기꺼이 감내하며 나라를 위한 일에는 어떤 희생도 감수하였고, 선비의 길을 가기 위해 목숨을 초개와 같이 버리기도 하였다. 양동마을이 전통마을로 추앙받는 이유도 이에서 비롯된다. 청백리 손중돈, 성리학의 대가 이언적 외 급제한 많은 선비들은 조선의 지식인으로서 후손들에게 선비정신을 일깨워 왔고 전통과 역사를 이어 왔다.

•

그렇다고 선비문화만이 이 마을을 이루고 있는 것은 아니다. 길가에는 주막집도 있고, 저잣거리엔 개들이 뛰어 돌아다니는 등 여느 시골 마을과 같은 정취도 배어 있다. 마침 더위를 식히려고 찾아든 식당의 정원석 사이사이에는 **송엽국**이 한창이다.

•

나지막한 기와담을 따라 올라가며 보니 높고

푸른 하늘엔 흰 구름이 둥실 떠가고 기와담 밑은 봉숭아, 과꽃이 피어 붉다. 시골길 걷는 맛이 제대로 나는 이유는 아무래도 낯익고 우리 정서에 깊게 배인 이들 두 꽃 때문인가 보다.

1241년 완성된 〈동국이상국집(東國李相國集)〉에 『**7월 25일경 오색으로 꽃이 피고 비바람이 불지 않아도 열매가 자라 씨가 터져 나간다**』는 봉상화(鳳翔花)가 언급되어 있는 점으로 보아 고려시대 이전부터 봉선화를 널리 심었던 것으로 추정된다. 부녀자들이 언제부터 손톱을 물들이는 데 봉선화를 사용했는지는 확실하지 않으나, 고려 충선왕 때 손톱에 봉선화를 물들인 궁녀에 대한 전설이 있는 것으로 보아 그 이전부터 있었던 것 같다.

•

초가집 마당 주변에 무리를 지어 얌전하게 피어 있는 봉숭아에서 누이의 통통하고 길쭉한 손가락을 본다.

•

봉숭아

도종환

우리가 저문 여름 뜨락에
엷은 꽃잎으로 만났다가

네가 내 살 속에 내가 네 꽃잎 속에
서로 붉게 몸을 섞었다는 이유만으로
열에 열 손가락 핏물이 들어
네가 만지고 간 가슴마다
열에 열손가락 핏물 자국이 박혀
사랑아 너는 이리 오래 지워지지
않는 것이냐
그리움도 손끝마다 핏물이 배어
사랑아 너는 아리고 아린 상처로
남아 있는 것이냐

·

조금 더 올라가니 경사진 곳의 꼭대기에 파란
하늘을 배경으로 대문이 높직하게 걸려 있다.
대문에 이르는 길가에는 향나무가 시원한 그
늘을 제공하고 배롱나무는 붉은 꽃으로 운치
를 더한다. 대문 밑 축대 아래에는 초가집이 눈
길을 끈다.

·

초가집 앞에는 **벌개미취**가 보랏빛 꽃을 흐드
러지게 피웠다. 벌개미취의 학명 중 속명인 애
스터(Aster)는 희랍어 '별'에서 유래된 것으
로 별처럼 생긴 꽃 모양에서 비롯되었다. 종명
[koraiensis]은 사랑스럽게도 '한국산'이라는 뜻
이다. 학명에서 잘 나타나듯이 벌개미취는 다
른 나라에는 없고 우리나라에만 있는 한국 특

벌개미취

산식물이며 습지나 계곡 주변의 물이 많은 곳에서 자생하는 야생화다.

•

벌개미취는 인공으로 대량번식이 가능하고 경제성이 뛰어나며 뿌리가 튼튼하고 성장이 왕성하다. 노출된 절개사면이나 척박지 등에 식재하면 토양고정 능력이 뛰어나 토사유출 방지 효과가 크기 때문에 오늘날에 와서는 사방공사용, 도로 주변의 화단 식재용 소재로도 많이 쓰이고 있다.

양동마을에서도 사정은 다르지 않아 급경사 도로의 경계지에 심어 관상과 지면 유지의 이중효과를 기하고 있다.

•

그렇다고 벌개미취가 무리를 지어 피어야만 좋은 것은 아니다. 어느 집의 갈색 토담 아래 벌개미취 한 포기가 다소곳이 피어 있던 모습은 두고두고 뇌리에 남는다. 이 집 토담은 색깔부터 특이해서 붉은 황토 대신에 갈색 흙이 거칠게 쌓여 있다. 아마 이곳 흙의 색깔이 그런 모양이다. 그 아래엔 빗물에 씻겨 내리지 않게 막돌을 높이 쌓았는데, 그 앞에 핀 벌개미취의 모양이 대단히 토속적이고 다정한 자태를 보이고 있다.

•

언덕길을 한참 올라왔나보다. 길 양옆으로 나무들이 우거져 깊은 그늘을 드리우고 있고 어두컴컴한 산길이 기와집 옆으로 이어진다. 신선하게 반짝이는 아침 햇살은 기와를 때리고 반사된 햇살은 길가의 노랑코스모스를 쪼이고 있다.

이 노랑코스모스(Cosmos sulphureus)는 국화과의 한해살이풀로서 멕시코가 원산지다. 코스모스도 그렇거니와 노랑코스모스도 어느새 우리 마을, 집 안에 들어와 우리 것인 양 각인되고 있다.

한편, 생각하면 이곳 양동마을에 보이는 야생화들만큼은 모두 우리 자생종이었으면 전통적인 생활상과 보다 잘 어울릴 것인데 하는 생각도 들지만 내 맘대로 할 수도 없는 터여서 담배 연기만 내뿜으며 그냥 지나치고 만다.

이 노랑코스모스 꽃잎에 대고 담배연기를 뿜어내면 꽃색이 순식간에 진한 주황색이나 적색으로 변한다. 플라본(Flavone)이라는 꽃잎의 노란 색소가 강알칼리성인 담배연기를 만나 반응하면 색이 변하기 때문이다. 이곳의 품종은 서니골드로 여름에서 가을까지 짙은 황색의 불완전한 겹두상화가 핀다. 꽃의 지름은 코스모스 정도로 크다.

•

노랑코스모스길을 지나 조금 더 오르니 황토색 벽을 배경으로 하얀 꽃을 피운 **사위질빵**

덤불이 나타난다. 상큼한 아침 햇살이 초가집 담장 위에 핀 사위질빵 꽃을 비추니 눈이 부시다. 초가집에서 자라는 야생화는 신선한 맛이 더하다.

사위질빵

초가집의 안주인은 보따리를 챙겨 들고 딸과 같이 집을 나서며 잘 둘러보고 가란다. 숲 속에 푹 파묻힌 주인 없는 집 봉당에 앉아 고적하고 한가로운 아침을 즐기니 새소리가 청아하고 바람 맛이 달다. 잿더미 옆 봉숭아는 소싯적 이야기를 들려주고 빨랫줄에 걸친 바지랑대는 푸른 하늘을 찌르고 있다.

양동마을 곳곳에는 이야깃거리가 많다. 기와집과 초가집이 다정한 말을 건네고 하늘과 바람은 살갑게 볼을 어루만진다. 그저 길 따라 가면서 저들의 얘기를 듣기만 하면 노산 이은상의 시는 아니더라도 한 가닥 글줄기는 잡을 성 싶다.

서백당
경북 경주시 강동면 양동리

서백당(書百堂)으로 올라가는 언덕길 좌우로 은행나무, 벚나무 등이 줄지어 서있다. 울창한 나무들이 앞마당까지 이어져 있어 밖에서는 집 전체의 윤곽을 파악하기가 어렵다. 마당의 돌계단을 딛고 올라서자 가이즈까향나무 두 그루가 대문 양쪽에서 시립하고 있다가 일본말(?)로 인사를 한다.

가이즈까향나무는 내공해성과 내한성이 강해 관상수로 많이 기르고 있다. 햇빛을 좋아하는 양수로서 지엽이 치밀하고 전정에 강해 정원에서 강조하고자 하는 지점에 심어 차폐 또는 경계용으로 이용된다. 그러나 한국의 전통적이고 고유한 공간인 서백당에, 그것도 버젓이 대문간에 이 나무를 심은 것에 대해서는 공감이 가지 않는다. 이 집을 처음 지은 손소공이 본다면 혀를 찰 일이 아닌가.

•

대문 안으로 들어서자 너른 안마당 대신에 거대한 몸체의 사랑채가 턱하니 가로 막고 서있어 오른쪽으로 가야 할지 왼쪽으로 가야 할지 망설이게 한다. 오른쪽으로 나아가니 그제야 안마당이 나타난다. 문간채와 몸채의 배치치고는 참 묘하게 틀어놓았다.

서백당의 현판은 원래 우재 손중돈(愚齋孫仲暾)이 지은 관가정 사랑채에 걸려있던 것으로, '종손은 하루에 참을 인(忍)자를 백 번을 쓴다 생각하고 인내로써 집안을 훈도하라'는 가르침이다.

서백당은 조선시대 초기에 건축되었으며, 월성 손씨종택(月成孫氏宗宅)이라고도 불린다. 一자형 문간채와 ㅁ자형 몸채가 전후로 나란히 배치되어 있다. 보통 이렇듯 답답하다 싶을 정도로 문간채와 몸채가 바투 붙어 있으면 좋은 집이 아니라고 생각하게 된다. 그러나 서백당에서 우재 손중돈과 회재 이언적(晦齋 李彦迪) 등 조선의 명현 두 명이 태어났다는 사실을 상기하면 오히려 내가 모르는 어떤 기운이 작용하는 것이 아닌가 하여 그 이치를 궁구하고자 하는 마음이 생긴다.

•

서백당 누대에 앉아 마당을 내다보니 담 너머저 멀리 유려하게 생긴 산이 하나 온전하게 시야에 들어온다. 문필봉이다. 문사들이 늘 마주하는 산답게 이름도 잘 지었다.

앞마당에서 사당으로 올라가는 공터에는 손소가 직접 심었다는 향나무가 아직도 건강한 수세를 갖추고 주변을 압도하고 있다. 예로부터 향나무는 집안의 나쁜 기운을 쫓아내고 상서로운 기운을 불러들인다 하였으니 입향조의 발원이 실린 이 영목(靈木) 덕분에 집안이 번성한 것이나 아닐지.

사랑채 마당을 구획 짓는 담장 앞에 놓인 석조에는 이곳을 답사하는 이들이 목을 축일 수 있도록 수도를 연결해 놓았다. 수조 밑

옥잠화

붓꽃

명자나무

자목련

바닥에 물마개가 없는 것으로 보아 연을 심는 수조로 쓰였거나 물통으로 쓰였던 것으로 보인다. 근세에 이르기까지 하루 종일 물을 퍼 나르던 물머슴이 둘이나 있었다 하니 이 수조 말고도 물통으로 쓰였던 것은 많았을 것이나, 활상이 변하면서 많은 것들이 정리가 되었는지 더 이상의 물 저장 도구들은 보이지 않는다.

사당으로 오르는 계단 좌우의 소정원에는 향나무, 단풍나무, 회양목, 영산홍 등과 **옥잠화**, 비비추 등의 야생화들이 두텁게 식재되어 깊숙하고도 경건한 느낌이 들게 한다.

·

사랑채를 나와 안채로 간다. 담 밑에는 기와를 일렬로 배열하고 그 앞에 채송화를 주욱 심었다. 소박하기는 해도 단조롭고 지루한 모양이다. 이런 정도로 외양이 잘 갖춰진 정원이라면 집안을 야생화 조원으로 가꾸어 놓을 수도 있으련만 손이 모자라는지 썰렁하기만 하다.

·

뜰에는 방아를 들여놓은 초가집이 한 채 있고, 그 옆 양지에는 장독대가 단아하게 자리를 잡고 있다. 안동댁 할머니가 장독대에서 고추장을 푼다. 사람이 살지 않는 빈집인줄 알았는데 주인이 기거한다니 다행이다. 역시 집은 사람이 살아야 집안에 온기가 돈다. 이곳 서백당 할머니는 안동 임청각에서 태어나 이곳으로 시집온

뒤 줄곧 서백당을 지키며 살아왔다 한다.

·

장독대 옆에는 예의 옥잠화가 피어 있다. 옥잠화를 심는 장소는 대개 장독대, 화계 위, 우물가, 안마당 화단 등 부녀자들이 활동하는 동선상에 있다. 이는 아마도 부녀자들이 옥잠화의 맑고 짙은 향기를 좋아하기 때문일 것인데, 더운 여름날 물동이를 머리에 올리기 위해 허리를 구부리면 맡게 되는 산뜻한 옥잠화 향기는 궂은일도 잊게 하므로 더욱 좋아했을 것이다.

서백당에 있는 야생화 종류는 얼마 안 되고 심은 모습도 지극히 단조로운데, 그나마 장독대 뒷쪽 화단에 무리지어 있는 옥잠화와 **붓꽃**은 단정하지도, 주위와의 조화를 이루지도 못하고 있어 안타까운 마음이 가시지 않는다.

뒤란에는 영산홍과 **명자나무**가 군락을 이루고, 그 뒤편에선 **자목련** 십여 그루가 꽃을 활짝 피우고 있다. 사랑채와 안채 내부를 둘러본 후 대문간으로 나오니 가이즈까향나무가 '안녕히 가시라' 한다.

서백당은 명현(名賢), 명유(名儒)를 생산해 낸 유서 깊은 곳으로 가옥의 건물들은 오래되어 묵직하나 여성의 생활공간인 뒤란, 방앗간, 장독대 등에 보이는 야생화들은 그다지 묵은 맛을 내지 못하고 있다. 앞으로 적절한 공간에 야생화 조원을 하면 보다 훌륭한 경관을 갖출 수 있을 것이다.

경주 최부자댁

경북 경주 강동면 양동리

동계 정온고택을 방문했을 때 종부(경주 최부자댁 첫째 딸)께서 말하길, "거긴(최부자댁) 이제 아무도 안 사는기라. 경주 인근에 울리던 명성과 영화도 옛날 얘기야..."아닌 게 아니라 경주 최부자댁을 방문했을 때 최씨 일가 대신 임시로 기거하는 노파 한 분이 객을 맞을 뿐이었다.

최부자댁은 대로변에서 30m쯤 안으로 들여서 앉혔다. 대지는 평탄한 지형에 자리를 잡은 관계로 크게 위세를 느낄 수 없었고, 솟을대문을 비롯한 집 전체의 구조가 아름답기는 해도 그다지 빼어난 모습은 아니었다. 오히려 겸손한 장자풍의 선비정신이 엿보이는 구조이다.

또한 솟을대문에 이르는 길은 널찍하여 비로소 부잣집의 풍모가 보이는 듯하나, 그나마도 위풍을 세우고자 했다기보다는 집밖에서 치루는 소작물 수집이나 행사들을 용이하게 처리하기 위한 실무적인 공간이었던 것으로 보인다.

이렇듯 은인자중(隱忍自重)하는 자세는 건축물에서 뿐만 아니라 12대를 잇는 인물들에서도 보인다. 최부자 집안은 가문을 일으킨 정무공 최진립 장군과 그의 아들 최동량부터 시작해 처음으로 만석꾼의 기틀을 마련한 최국선, 최의기, 최승렬, 최종률, 최언경, 최기영, 최세린, 최만희, 최현식 그리고 12대 최준에 이르기까지 300년 역사의 가풍을 일컫는다.

•

대문을 들어서자 갓 지은 사랑채가 보인다. 최부자댁 고택(중요민속자료 27호)은 불타 버린 사랑채를 최근 다시 복원하여 새로운 모습을 보이게 되었다. 이어 별당과 문간채, 방앗간도 복원할 계획이다.

이곳에 있던 20여 개의 화강암 주춧돌은 200년 전 신라 왕경(王京) 건물 터에 있던 유서 깊은 돌로 알려져 있다. 최부자댁은 당초 99칸의 큰 규모였으나 해방 이후 줄어들어 현재는 대지 3천여㎡에 건물 5동이 들어서 있다.

사랑채 앞에는 직사각형의 작은 화단이 조성되어 있고, 안채로 들어가는 통로 좌측에도 마찬가지로 화단이 있다. 석조 한 가운데에서 빛나는 햇빛은 거꾸로 선 매화 가지 그림자를 까맣게 채색하고 있어 마치 300년 영화의 뒤안길을 상징적으로 보여주는 듯 했다.

봄에 이곳을 방문했을 때는 화단 앞 석조에 **만첩홍매화**의 선연한 꽃송이가 점점이 물에 떠있었다. 붉은 꽃잎이 겹겹으로 피는 만첩홍매화는 매화 본연의 매운 선비정신에 풍성하고 화려한 맛을 더한다.

•

붉은 만첩홍매화가 지면 그 옆에선 **석류**가 빠알간 꽃덩이를 토해낸다. 석류꽃이 피는 때는 지루한 장마가 끝나고 한여름의 뙤약볕이 시작되는 시기이다. 이 계절은 야생화들을 보기가 쉽지 않은 때여서 정열적인 석류꽃은 더 큰 사랑을 받는다.

최부자댁은 12대에 이어 만석지기를 했고 9대를 이어 진사를 지냈다. 그 과정이 두꺼운 껍질 안에 반짝반짝 빛나고 포동포동한 석류알을 맺는 석류나무의 자세와 흡사하다. 저 귀한 석류알을 보호하려면 껍질이 두꺼워야 한다. 얇으면 비바람에 오래 보전할 수 없다. 최부자댁의 껍질은 대를 이어 두터워져 가훈과 처신책으로 완성되고 실천되었다. 철저한 윤리의식을 바탕으로 합리적인 경영을 해왔기 때문에 360년간 만석지기를 유지하며 존경 받는 부자가 될 수 있었던 것이다. 최부자댁에 전래되는 가훈은 탁월한 경제이론이며 바람직한 사회를 위해 가진 자들이 지켜야 할 일종의 윤리헌장이기도 하다.

·

가훈
- **과거를 보되 진사 이상은 하지 말라**
- **재산은 만석 이상은 모으지 말라**
- **과객을 후하게 대접하라**
- **흉년에는 논밭을 매입하지 말라**
- **시집온 며느리는 3년간은 무명옷을 입어라**
- **사방 100리 안에 굶어 죽는 사람이 없게 하라**

六然육연 **- 수신의 가훈**

- **自處超然**자처초연
스스로 초연하게 지내고
- **對人靄然**대인애연
남에게는 온화하게 대하여
- **無事澄然**무사징연
일이 없을 때는 맑게 지나며
- **有事敢然**유사감연
유사시에는 용감하게 대처하고
- **得意淡然**득의담연
뜻을 얻었을 때에는 담담하게 행동하며
- **失意泰然**실의태연
실의에 빠졌을 때에는 태연하게 행동하라

·

안채 입구에 서서 안마당과 ㅁ자형으로 둘러세워진 가옥을 둘러본다. 안채는 처마 끝을 높이 올려 제비 날아가는 모양을 한 여느 대가집들과는 달리 차분하게 내려앉았다. 가부좌를 틀고 조용히 밖을 응시하고 있는 군자의 자세가 보인다. 다시 시선을 내려 앞을 보니 장독대 앞에 옥잠화가 피어 있다.

·

안마당 한켠에는 **붓꽃**이 식재되어 있다. 붓꽃의 꽃봉오리는 잘 다듬은 붓과 같이 아래로부터 오동통하다가 끝에 가서 뾰족하게 섰다. 꽃

만첩홍매화

석류

붉은 주머니 같은 얇은 과육 안에 투명한 씨앗들이 루비처럼 반짝이며 꽉 들어차 있는 모양 때문에 다손 혹은 부귀, 다남(多男)을 상징하기도 한다.
석류는 천연 에스트로겐이 다량 함유되어 있어 여성들에게 특히 좋다. 골다공증, 안면홍조, 심장병, 피부노화 등을 예방하고 나른해지기 쉬운 봄철 피로를 풀어주며 활력을 더하는 데 효과 만점이다.

옥잠화

원산지는 중국이며 귀화식물이다.
여러해살이풀로 양지, 음지, 반음지
등 가리지 않고 잘 자란다. 꽃잎은
넓고 풍성하며 유백색이다. 꽃봉오
리는 옥으로 만든 비녀같이 생겼고
길쭉한 통관으로 되어 있는 꽃잎은
기품이 있으며 꽃에선 맑고 시원한
향이 난다. 비교적 습한 땅이면 척
박하거나 비옥한 것을 가리지 않고
잘 자란다. 포기나누기나 씨로 번식
하며 오래 전부터 가정에서 즐겨 심
어 왔는데, 옥잠화의 풍성하고 맑은
기운은 한옥에 보다 잘 어울린다.

붓꽃

의 형상을 따라 이름을 잘도 지었다.

재벌집에는 붓꽃을 심을 필요가 있다. 돈을 버는 이유는 결국 문화의 계승, 발전에 이바지하기 위한 것이기 때문이다. 넓은 의미에서 문인은 꼭이 글을 잘 쓰는 사람만을 얘기하는 것은 아니다. 글(문화)에 뜻을 둔 사람들이 문인인 것이다. 최부자댁의 마지막 만석꾼 최준의 경우를 보면 자명해진다.

최준은 천도교 교주 손병희와 함께 보성학원 이사로 동아일보 발기인으로 참여했으며 고려대를 세운 인촌의 영향을 받아 영남대의 전신인 대구대와 계림학숙을 세웠다. 일찍이 백산 안희제와 백산상회를 설립해 상해로 군자금을 보내기도 했다. 최준의 유산은 후손에게 전해지지 않았는데 대학을 설립할 때 수백 정보의 부동산과 장서 8천여 권을 희사했고, 6.25 이후에도 집을 포함한 나머지 재산을 털어 경주의 계림학숙을 설립하였다.

·

주인 없는 안채에는 숱한 일화들이 숨겨져 있다. 이 말고도 뭔가 말하기 쑥스러워 드러내지 못하는 것이 있지 않을까 하여 뒤란으로 향한다. 뒤란의 담 한켠에선 능소화가 몇 안 되는 꽃망울을 떨구고는 용마루 기와를 부여잡고 안간힘을 쓰며 기어가고 있다.

능소화의 한자 이름을 풀어 쓰면, 업신여길 능(凌), 하늘 소(宵), 꽃 화(花) 즉 하늘을 업신여기고 계속 기어 올라가 꽃을 피우는 나무라는 뜻이다. 아무리 키가 큰 은행나무라 할지라도 나무 끝까지 올라간 능소화는 그것도 모자라 은행나무 가지마다 그 줄기를 뻗고, 게다가 줄기 아래로 가지를 늘어뜨리고는 파란 하늘을 배경으로 주홍빛 나팔을 불어댄다. 바람이 불면 주홍나팔은 한들한들 왈츠를 추고, 맑은 날이면 햇살을 희롱한다. 하늘이 볼 때 이는 매우 건방진 수작이다. 그리하여 하늘이 노해 비를 뿌리면 그제야 꽃은 통째로 툭툭 땅바닥에 떨어지고 땅바닥은 찌그러진 주홍색 나팔들로 가득해진다.

뒷담 한켠은 허물어져 방치되어 있다. 만물이 무상한 법이니 담인들 늘 옛 모습을 간직할 수 있으랴. 허물어진 담 아래에서 기와 한 조각을 주워 흙 위에 올려놓았다.

경주 법주집
경북 경주 강동면 양동리

최부자댁을 돌아본 김에 좌우의 한옥도 함께 돌아보았다. 왼쪽 집은 최부자댁 가양주(家釀酒)인 교동 법주(法酒)를 생산하는 곳이고, 조금 떨어진 곳에 있는 오른쪽 집은 요석궁이란 한정식집이다.

한국의 술은 집에서 만들어 마시던 가양주 문화가 근원이다. 일제 때 일인들이 세금 수탈의 수단으로 양조법을 만들어 양조 면허가 없으면 술 제조를 금지시키면서 가계로 이어져 내려오던 명주 생산 기법들이 소리 소문 없이 흔적을 잃었다가 지금은 약 50종류가 복원돼 시판되고 있다.

이 중 법주라 하는 것은 제례(祭禮)에 따라 지정된 날짜에 지명된 사람이 누룩을 빚고 술을 담그는 등 예법에 맞추어 어떤 법칙에 따라 술을 빚기 때문에 붙은 이름이다. 이 법주는 최부자댁에서만 이어져 내려온 것으로 시어머니가 며느리에게만 전수시켜 왔다. 연한 갈색의 감미로운 맛과 향기, 마시고 난 뒤의 깨끗한 뒤끝으로 정평이 나있는 독특한 술이다. 궁중술이라고도 부르는데 최씨댁 선대한 분이 궁중 내 간장, 된장 등 염장(鹽醬)을 감독하는 사옹원(司饔院)의 관리로 있으면서 임금이 마시는 곡주의 제조법을 집안에 전승시켜 시작되었다. 현재는 중요무형문화재인 배영신(최부자댁 방계 며느리) 여사가 기능보유자로 지정되어 전승시키고 있다.

·

대문을 들어서니 술찌끼 냄새가 사랑채 앞마당에 은은하게 퍼지는 것이 술도가임에 분명하다. 오른쪽 화단을 따라 석류나무와 대추나무가 각각 한 그루씩 자라고 그 아래에 **명자나무**와 영산홍이 드문드문 서있다. 석류나 명자나무는 꽃은 물론이고 열매도 관상가치가 커서 전통적으로 정원에 즐겨 식재해 왔으며 때로는 화분에 올려 분재 모양으로도 키워 완상을 했다. 이들을 분재로 오래 키우면 용틀임하는 모양의 멋진 나무와 석류나무의 반짝거리는 빨간 씨알을 볼 수 있다.

이처럼 과목류(果木類)인 모과나무, 감나무, 낙상홍, 홍자단, 으름덩굴, 해당, 피라칸타, 감귤, 오미자 등을 심어 기르면 탐스런 가을 열매의 정열적인 기운이 얻어진다. 녹색의 나무들과 붉은색의 석류꽃으로 이루어진 화단 한가운데에는 밝은 분홍색의 **풍접초**가 키 큰 나무들 앞에 일렬로 늘어서서 객을 맞는다. 풍접초는 열대 아메리카가 원산지이고 백화채, 양각채라고도 한다. 꽃 모양이 바람에 나풀거리는 나비를 닮았다 하여 이름이 붙었다.

·

풍접초

강은령

이사온 첫 해 빌라의 화단에서 처음

그 꽃을 보았다

얼굴만 알고 지나치는 이웃집 여인처럼,

매끈한 흰 얼굴에 이끌려 고개를

돌리게 하는

모르는 여인의 향기 나는 꽃 앞에 서서

창호지에 구멍을 뚫어 들여다 본다

합환주에 달아오르는 뺨 포르르

떨리는 족두리의 떨잠

다소곳이 고개 숙인 신부는 왜 슬퍼

보이기만 할까

팔월에 곱게 피어 씨방엔 한철 꽃이

될 아가들 자랄 테고,

구월이면 희고 붉은 꽃이삭은 떨어질

것인데

잔가시 잔뜩 세워 지켜낸 세월 꾸려가느라

호미 같은 손 참 많기도 하다

유독 우리네 여인 같은 꽃, 풍접초는

여름 내 풀 향기 땀내나는 바람의

품에 안겨서

내 가슴 도려내며 여자의 일생을

상영하고 있더라

·

사랑채에 이르자 막돌황토기와담 앞 **석류나
무**에 달린 빨간 열매가 보인다. 석류꽃이 투박
한 껍질을 쪼개어 노랗고 붉은 암·수술을 내
보이면 유혹의 강은 깊어진다. 가을이 되어 둥
그런 열매가 농익어 터지면 루비 같은 씨알 속

명자나무

풍접초

꽃이 귀한 시기인 8~9월에 홍자색 또는 흰색으로 피는데 조금 멀리서 전초를 바라보면 분홍색으로 보인다. 감색 또는 홍자색 수술 4개가 꽃잎보다 2~3배 길게 삐져나와 있는 모양이 이채롭다.
한해살이풀이기 때문에 해마다 이 꽃을 보려면 가을에 씨앗을 잘 갈무리해 두었다가 봄에 파종하되, 군락을 이루도록 심어 놓으면 풍성하고 화사한 꽃밭을 볼 수 있다.

석류

에 숨어 있던 반짝이는 화살들을 내뿜어 보는 이의 가슴에 낭만의 꽃을 꽂는다. 화살을 맞은 사람들은 술병을 잡지 않을 수 없게 된다.

야생화 속에 들어가 그들의 얘기를 듣다 보면 사람들은 현실을 떠나 금세 깨달음의 세계에 들게 된다. 술 또한 현실을 망각하게 하고 딴 세상을 꿈꾸게 한다는 점에서 야생화는 술과 친구 사이다. 〈제왕운기〉에 보면 주몽의 아버지 해모수가 꾀를 내어 하백족의 딸 유화를 만취하게 만들어 주몽이 잉태됐다는 이야기가 나온다. 꽃(유화부인)이 술을 마시고 민족의 씨(주몽)를 생산했던 것이다.

안채에서 흘러나온 술내음이 사랑채 바깥까지 넘치고 있다. 이 댁에도 이제 술이 익는가 보다.

•

사랑채 마루에 앉아 앞뜰을 내려다보니 낮은 담장에 **능소화**가 걸렸는데 장군병을 닮은 주홍빛 주둥이에선 맑은 술이 조르륵 흘러내리고 있다. 한낮에 술도 안 마셨는데 지레 취한다.

•

왼쪽 담 밑에 핀 **옥잠화**도 낮술에 취하긴 마찬가지다. 길쭉한 꽃이 바람에 한들거리니 전설 속에 나오는 선녀의 하얀 비녀가 마음 속에 떨어진다. 옥잠화 잎을 짓찧어서 술에 타서 마시고, 꽃을 따서 향으로 술을 빚어 마시면 선녀의 귓불을 만질 수 있다 하니 이 아니 취할손가.

능소화

옥잠화

줄사철

술기운에 취해 고개를 젖혀 넘겨다 본 담 너머에선 최부자댁 안채에 걸터앉은 용마루가 지그시 내려다보고 있다.

·

낮술에 취해 이리저리 발길을 옮기다보니 여기가 어딘지 모르겠다. 퇴색된 담 위에선 역시 능소화가 슬금슬금 기어가고 있고 바닥에선 **줄사철**이 술병을 거꾸로 잡고 얼크러졌다.

·

세계에서 술의 역사는 오래 되었다. 독일은 맥주, 영국은 위스키, 프랑스는 포도주, 일본은 사케, 중국은 마오타이 등이 대표적인 술이다. 술의 소재는 나라마다 지역마다 달라서 동인도제도에서는 야자즙으로 아라카를 뽑아냈고, 고대 잉카제국에서는 옥수수를 삶아 잘 씹어 침으로 전분을 당화시켜서 옥수수술을 빚었다. 멕시코의 아즈텍족은 용설란의 수액을 발효시켜 데킬라를 담갔고, 이집트인들은 대추나무 열매에서 야자술을 만들어냈다.

그렇다면 한국을 대표하는 술은 무엇이 될 수 있을까. 아울러 술맛을 좋게 하려면 어떤 야생화로 하여금 시중들게 할 것인가.

관가정

경북 경주 강동면 양동리

관가정(觀稼亭)은 경주시 양동마을에 있는 조선시대의 주택으로 보물 제442호이다. 조선 성종 때의 문신인 우재 손중돈(愚齋 孫仲暾)의 고택이자 손씨 문중 종택으로 1514년에 건립되었다.

우재는 김종직에게서 사사받았고 영남 성리학의 태두로 추앙받으며, 이조판서 등 조정의 고위직을 두루 역임한 인물로 이곳에 기반을 닦으며 씨족마을을 정착시켰다. 이런 인물의 성격을 반영하듯 우재의 오랜 관료생활을 통해 몸에 밴 규범과 인습, 합리성이 표출된 건물이 '관가정'이다.

건물은 격식을 갖추어 간결하게 지어졌으며, 평범한 외관 속에 담겨 있는 자연과의 적극적인 관계가 매력적이다. 한눈에 들어오는 형산강과 경주를 품어 안는 경관이 일품인데, 관가정이란 뜻도 저 아래 벌판의 곡식밭이 드넓게 펼쳐진 것처럼 자손들도 그렇게 번창하기를 바란다는 의미를 가졌다.

•

워낙 높은 지대에 위치하는지라 계단을 오르면서 솟을대문을 보니 마치 선계에 드는 듯하다. 아니나 다를까 솟을대문으로 들어가 아래로 펼쳐진 경관을 내려다보니 형산강의 줄기가 한눈에 굽어보인다. 마을 앞에 이어진 너른 벌판은 초록바다를 이룬다. 우재는 아마 이 경관을 얻기 위해 근처를 수만 번 오르내리는 수고를 아끼지 않았을 것이다.

서향의 높은 언덕에 자리 잡은 건물의 배치는 사랑채와 안채가 ㅁ자형을 이룬다. 가운데의 아담한 중정을 중심으로 남쪽에는 사랑채, 나머지는 안채로 구성된다. 안채의 동북쪽에는 사당을 배치, 담으로 양쪽 옆면과 뒷면을 둘러막고 집의 앞쪽을 탁 트이게 하여 경치를 바라볼 수 있게 하였다. 보통 대문은 행랑채와 연결되지만 이 집은 특이하게 대문이 사랑채와 연결되어 있다.

•

중정 왼쪽으로 돌아가니 골기와 곳곳에 **와송**(瓦松)이 솟아 있다. 파란 하늘을 배경으로 처마 끝의 기와 틈에 와송이 탑처럼 서있는 장면은 경외심을 느끼게 한다. 고고한 자세가 금강송을 닮은 듯도 하다.

와송은 그 모양이나 식생이 특이하다. 바위 위에 자라기 때문에 바위솔[岩松]이라 불리기도 하고 기와 위에서 꽃을 피우므로 와화(瓦花), 기와 위에서 연꽃 모양을 보인다 하여 와련화(瓦蓮花), 잎차례의 모양이 탑을 닮았다 하여 탑송(塔松), 지붕을 지키는 꽃이라 하여 지붕지기, 위에서 내려다 본 모양이 범의 발자국 닮았다 하여 범발자국 등으로 불린다. 그렇다고 아무 기와에서나 자라는 것은 아니다. 백여 년 이상 된 기와 위에서만 자란다.

와송의 꽃은 7월에서 11월 사이에 꽃대와

함께 피어오른다. 하얀색의 꽃이 아래서부터 차례대로 밀착하여 피고 꽃밥은 적색에서 점차 흑색으로 변한다. 수술은 10개, 씨방은 5개로 꽃이 피고 난 다음에는 죽는 특징이 있다. 잘 보이지도 않는 작은 씨앗들이 기와 골 여기저기에 붙어 자라는 악착같은 특성에 착안하여 항암치료제로 개발할 만큼 강인한 들꽃이다.

•

관가정은 막돌허튼층쌓기의 기단 위에 막돌초석을 놓고 그 위에 네모기둥을 세웠으나, 사랑대청에서는 두리기둥[圓柱]을 세웠다. 사랑대청은 두리기둥 위에 주두를 얹고 쇠서[牛舌] 하나로 결구하여, 초익공(初翼工)으로 꾸몄다.

사랑대청의 가구는 4량으로, 앞뒤 평주 위에 대들보를 걸고 포대공을 놓아 종도리(마룻대) 밑 장여를 받치고 있다. 그러나 양측 벽에서는 뒤쪽 바깥기둥부터 반 칸 안쪽으로 기둥을 세워 대들보를 걸었다. 이 대들보 위와 천장 사이에 아무런 벽체를 만들지 않은 것이 특색이다.

안채의 구조는 민도리집 양식이며, 부엌 출입문 위에는 살대들을 비스듬히 꽂아 환기가 잘 이루어지게 하였다. 처마는 홑처마로 지붕은 안채와 사랑채가 이어져 하나로 연결되고 서로 모이는 부분에는 합각을 만든 맞배지붕을 이루고 있다.

바닥은 우물마루이고 천장은 서까래가 노

와송

출된 연등천장이며 사랑방 앞과 사랑대청 주변에는 계자난간(계자각으로 꾸민 난간)을 돌렸다. 이곳에 앉아 정원에 피어 있는 배롱나무와 석류나무, 목단을 보면서 저 아래 펼쳐진 대자연을 호흡하자면 시 한 수가 절로 씌어졌을 법하다. 겨울에 눈이라도 내릴라치면 선계에 앉아 있다는 착각에 오장육부를 다 잊었을 듯도 하고...

관가정에서 찾아볼 수 있는 야생화는 바위솔과 배롱나무 정도이다. 그러나 많은 종류의 야생화가 자라지 않고 있다 하여 정원이 스산하게 보이지는 않는다. 그것은 배롱나무나 바위솔이 피는 위치나 앉아 있는 자세가 워낙 빼어나기 때문인데, 이와 같이 야생화는 있어야 할 곳에 위치하는 것만으로도 제 값을 하는 것이다.

무첨당
경북 경주 강동면 양동리

양동마을의 무첨당(無添堂)은 보물 제411호이다. 조선시대 성리학자이며 문신이었던 회재 이언적(晦齋 李彦迪) 선생의 대종가로 조선 중기에 세워졌다. '무첨당'은 '조상에게 욕됨이 없게 한다'는 뜻으로 이언적 선생의 맏손자인 이의윤 공의 호이기도 하다.

전체 배치는 북촌 중앙 산등성이의 서북방향에 자리 잡고, 무첨당과 본채 그리고 사당으로 구성되어 있다.

회재 이언적의 아버지 이번이 양동에 장가들어 어느 정도 기반을 잡은 후인 1508년에 살림채를 건립했고 이언적의 경상감사 시절인 1540년경에 별당을 세웠다. 말하자면 이언적의 본가가 되며 여강 이씨 무첨당파의 파종가이고, 여러 분파들의 맏집인 대종가이다.

골짜기 맞은편에 올라 내려다보니 무첨당의 배치가 한눈에 들어온다. 이 마을의 주산인 성주산 중턱에 폭 파묻힌 모양이 광주리에 든 계란들 같다.

·

무첨당으로 들어가는 길가는 **원추리**와 **구절초** 꽃밭이다. 보물은 별 치장이 없어도 그 자체로 아름다운 법인데 이렇게 야생화로 치장을 하니 더욱 빛이 난다.

원추리는 망우초(忘憂草)라 하여 근심을 잊게 하는 풀로 널리 알려진 약초이자 나물이다. 이는 원추리의 어린 싹을 살짝 데쳐 나물로 무쳐 먹으면 약간 달착지근하면서 부드럽고 담백한 맛이 나며, 큼직한 꽃을 차로 우려내어 마시면 은은한 꽃향기에 몸과 마음의 피곤함이 씻은 듯 달아나므로 근심을 잊게 된다는 데에서 온 것이다.

옛날 한 형제가 부모를 여의고는 형은 슬픔을 잊기 위해 부모님 무덤가에 원추리를 심고, 동생은 부모님을 잊지 않으려고 무덤가에 난초를 심었다. 그 뒤로 세월이 흘러 형은 슬픔을 잊고 열심히 일을 했지만 동생은 슬픔이 더욱 깊어져서 병이 되었다. 그러던 어느 날 동생의 꿈에 부모님이 나타나 말했다. "사람은 슬픔을 잊을 줄도 알아야 하느니라. 너도 우리 무덤에 원추리를 심고 우리를 잊어 다오." 이 말씀에 따라 동생도 부모님 무덤가에 원추리를 심고 슬픔을 잊었다 한다.

무첨당 가는 길의 원추리는 여강 이씨 선조들이 자손들에게 내리는 현실적응 계율(옐로카드)일까.

구절초는 가을에 꽃이 달린 채로 말린 후 달여 복용하면 부인병에 탁월한 효과가 있다 하여 선모초(仙母草)라고도 한다. 예부터 9월 9일에 이 풀을 채취하여 엮어서 매달아 두고 여성의 손발이 차거나 산후 냉기가 있을 때에 달여 마시는 상비약으로 써 왔다. 또 꽃을 말려서 술에 적당히 넣고 약 한 달이 지난 후에 먹으면 은은한 국향과 더불어 강장제, 식욕촉진제가 된다.

무첨당 가는 길에 흐드러지게 피어 바람에

한들거리는 선모초는 이씨 집안 부인들의 건
강을 도모하고, 자손 번창을 기원하는 비나리
[乞粒]처럼 보인다.

·

안으로 들어가니 종가로서의 무첨당의 위세가
직접적으로 드러난다. 높직한 돌계단 위에 자
리한 사당은 사랑채인 별당과 살림채인 안채를
굽어보면서 사당이 이 집의 중심임을, 이 집은
대종가임을 강하게 표현하고 있다. 양지 바른
사당의 출입문 앞에 서서 아래를 내려다보니
안채 좌익사의 뒷모습이 할아버지 뒷등같이 수
더분하다. 그 너머 골짜기 맞은편엔 일족의 서
당인 강학당과 가문의 정자인 심수정이 바라보
인다. 정확히 말하자면 심수정과 강학당은 자신

들의 대종가인 무첨당의 사당을 마주하고 자리
잡았다. 그만큼 사당이 갖는 마을 내의 위상은
대단한 것으로, 의도 또한 강렬하고 직설적이
다. 조상의 음덕이 아래채에 거처하는 자손들
에게 늘 영향을 미치고 있다는 사실을 의도적
으로 주지시키고 있는 것이다.

무첨당 앞에 서서 전면을 보니 행랑채는
없고 사랑채가 불쑥 앞으로 나와 서있다. 보통
별당은 사랑채 안쪽에 두어 한 단계를 거친
후에 들어갈 수 있도록 하는 것과 달리, 살림
채 입구에 행랑채 없이 별도로 두고 규모도 커
서 별당이라기보다는 큰사랑채 격이다. 상류
주택에 속해 있는 사랑채의 연장 건물로 제사,
손님접대, 쉼터, 서재 등 다용도로 쓰였다.

건물은 소박하면서도 세련된 솜씨를 보여주
고 있으며 기능에 충실하게 지은 건축물로 현재

원추리

구절초

목단

옥잠화

는 회재의 유물을 보관하고 있다. 적절한 비례를 가진 형태와 날렵한 처마선, 섬세하게 조각된 초익공과 화반대공 등 매우 장식적인 건물로, 당호 그대로 '더럽힘이 없는 집'이다. 시원하게 터진 대청마루에 앉아 마을의 전경을 보거나, 넓은 마당에 서서 위풍당당한 별당을 우러러 보면 대종가로서의 위엄을 느낄 수 있다.

무첨당과 안채, 사당 사이의 공간관계는 어정쩡하게 독립적이다. 건물들 사이에 적절한 외부공간이 만들어지지 못했고 살림채의 사랑 부분이 별당 쪽의 마당을 향하고 있어서 대종가의 의례적인 공간만을 형성한다. 그리하여 무첨당 안마당은 곧바로 안채와 연결된다.

안채 앞 화단에는 고만고만한 돌을 2~3단으로 쌓고 그 위에 사철나무, 석류나무를 비롯해 **목단, 옥잠화**, 영산홍 등 평범한 야생화들을 식재하였다. 목단은 그 화사한 자태로 말미암아 선비들의 정원에 자주 등장하는 꽃나무이고, 옥잠화는 맑은 향기 때문에 안방마님들이 좋아하는 야생화여서 안채나 별당에 자주 등장한다.

안채와 사랑채로 이루어진 살림채는 매우 소박하고 간결하여 여느 선비댁에서나 볼 수 있는 모양이고, 화단도 그다지 특별하게 가꾸지는 않았다. 그러나 워낙 무첨당 자체가 특별한 보물인지라 주변의 빈 공간마다 야생화를 심어 가꾼다면 작은 노력으로도 반짝반짝 빛을 발할 것이다.

제3장 상업공간의 정원

일반적으로 한옥에서 정원을 조성할 때에는 자연경관을 주(主)로 삼고
인공경관을 종(從)의 위치에 두었다. 이러한 배경에는 '인간은 자연 위에
군림하는 존재가 아니라 자연과 조화를 이루며 살아가는 존재'라는 관념
과 '지나친 기교와 인위를 싫어하는 한국인의 선천적 대의성'이 함께 작
용하였다고 볼 수 있다. 이것은 천혜의 자연환경 속에서 자연의 리듬을
말없이 느끼고 수용하는 과정에서 체득된 것이라 할 수 있다.

온두물

경기도 남양주시 조안면 조안리

차는 팔당댐을 끼고 강변길을 따라 느릿느릿 간다. 한여름이지만 날은 쾌청하고 바람도 산들 불어 바쁘게 움직이고 싶지 않다. 꼬불꼬불한 국도를 따라가며 숲과 섬, 굴곡진 호수의 아기자기한 정경과 고샅에 깃들어 있는 정겨운 마을도 내려다보며 그렇게 한참을 간다.

그러다 다산유적지가 있는 조안리 길가의 온두물이란 한옥 앞에 멎는다. 마당이 널찍하고 솟을대문은 헌앙하며 행랑채도 당당하여 도시 행랑아범이 문도 열어줄 것 같지 않은데, 겉모습과는 달리 안으로 들어갈수록 정감이 깊어간다.

·

행랑채 바깥담은 쌓기도 참 잘 쌓았다. 줄을 띄워 끝선이 꼭 맞게 쌓아 처마의 기와선이 한치의 오차도 없이 가지런하다. 담의 몸통에서 삐져나온 층층의 날개기와도 비행기 날개같이 한 열로 쪽 빠졌다. 이렇게 바깥의 담조차 정갈하고 단정한 모습을 보이니 더운 날이지만 와이셔츠 목깃을 한번 당겼다 놓을 수밖에.

·

솟을대문 앞에 서서 올려다보는 '온두물'현판은 무척 높고 행랑아범 창문마저 깔끔하며, 열린 문 안으로 보이는 중문간의 가림막 덕분에라도 선뜻 안으로 발을 들여놓기가 조심스

럽다. 그러면서도 어딘가 낮은 자세가 보이고 단아하게 웃으며 손을 붙잡아 들이는 기운이 이는 것은 나무에 칠한 검붉은 색이 주는 안정감 때문인가, 현판의 꾸불꾸불한 글씨체 덕분인가.

현판 글씨를 쓴 한움 이용관은 '온두물'을 아래와 같이 풀고 있다.

"북한강과 남한강의 두 물줄기는 두물머리에서 만나 하나가 된다. 한강의 기운은 두 물이 온전히 하나 된 온두물에서 발원한다. 이 물은 지표에서 활동하기도 하지만 사람의 몸 안에서 활동하기도 한다. 깨끗한 물이 순환하지 않으면 자연이든 인체든 온전히 지탱할 수 없다. 더러운 물은 만병의 근원이다. 우리가 이 물을 온전하게 보존하고 고갈되지 않도록 보호할 때 사람의 생활은 윤택해진다. 온두물의 온전한 기운은 결국 사람의 생각을 하나 되게 하고 조화를 이루어 이웃과 서로 더불어 살게 하고, 사람의 하루하루 움직임을 온전하게 함으로써 평화를 이루게 한다."

대문을 들어서니 가림막이 앞을 막는다. 게시판에는 여기가 영업집임을 드러내는 안내판, 메뉴 등이 붙어 있다. 돌아 앞으로 나아가려는데 옆에서 붉은 빛이 힐끗 쳐들어온다. 뒤편에 가려져 있던 **범부채**가 주홍색 꽃을 한껏 피우고 있다.

·

가림막을 돌아 나오니 전면이 확 트이면서 저 앞에 사랑채가 보인다. 사랑채는 들어가는 길과 평행으로 지어져 있어 정면에서 손님을 맞지 않고 고개를 오른쪽으로 돌려 보면서 들어 오라!'한다. 사랑채에 이르는 담 밑 화단에는 소나무, 모과나무, 사철나무 등이 일정한 간격을 두고 서있고 나무 아래에는 원추리와 기린초가 샛노란 꽃을 피우는 등 갖가지 야생화들이 조신하게 따리를 틀고 있다. 길은 잔디로 덮여 있으며 한 발 간격을 두고 판석이 깔려 있다.

사랑채에 이르는 판석길 왼쪽 담 너머로는 안채의 묵직한 기와지붕이 솟아 있어 또 다른 내밀한 공간이 마련되어 있음을 예고하고, 오른쪽 행랑채담은 바깥 세계를 차단하고 있다. 햇빛은 뜰에 고루 퍼져 밝고 화사한 기운이

돈다. 이렇듯 한옥은 풀과 나무와 물을 가슴에 품고 햇빛을 희롱하는 장면을 영상으로 보여준다.

·

ㄱ자로 지어진 사랑채 앞으로 누대가 돌출해 있는데, 누대의 두 다리는 얕은 물속에 잠겨 있다. 보통은 꽤 너른 연못에 두 다리를 드리우게 마련인데, 공간의 제약 때문인가 물은 얕고 좁아 물 밖의 공간이래야 길과 화단만 나있다. 8월이면 여기 물은 싱그러운 연잎과 화사한 꽃으로 덮인다.

여기 현판들은 글씨체도 특이하지만 의미도 새롭다. 현판에 쓰인 '함초롬'이란 뜻은 또

범부채

범부채는 붓꽃과에 속하는 여러해살이풀이다. 줄기는 위로 곧추서서 키가 1m까지 자라는데 잎이 넓고 뾰족하며 줄기 양쪽으로 편평하게 두 줄로 달려 붓꽃과는 달리 깔끔한 느낌이 든다. 7~8월에 황적색의 꽃이 줄기 끝에 몇 송이씩 모여 피는데 6장의 주황색 꽃잎에 점점이 박힌 자주색 반점이 정겹다. 열매는 삭과로 익는데 익자마자 심으면 발아가 잘 된다. 관상용으로 뜰에 널리 심으며 배수가 잘 되고 모래가 섞인 점질토양에서 잘 자란다. 추위에도 꽤 견디나 양지바른 곳에서 잘 자란다. 가을에 캔 뿌리줄기에서 잔뿌리를 제거한 뒤 그늘에 말린 것을 사간(射干)이라 하는데 특이한 향기와 매운 맛을 지닌다.

무얼까?

　"사물은 가지런히 정돈되어 있을 때 아름답고, 함초롬한 일상사는 거룩한 몸을 만든다. 사람은 지구란 집에서 잘 살기 위해 영적, 도덕적, 정신적, 신체적으로 자정하고 정돈되어 있어야 한다. 그래서 함초롬히 피어 있는 꽃과 잎이 있어야 할 곳에 있듯이 사람은 살아가는 생각과 마음도 그러하여야 한다. 그러므로 '함초롬'은 질서 있는 사람의 안식처이다."

　사랑채 누대의 이름으로 내걸게 된 데에는 다 그만한 이유가 있는 것이구나.

·

　'함초롬'이란 현판이 걸린 누대에 올라 화단을 내려다보니 좁은 공간이지만 야생화를 중심으로 매우 자연스럽게 꾸며놓았다. 자연석을 드문드문 배치하고, 나무 밑 야생화들에게 적절

한 햇빛과 그늘을 줄 수 있도록 낙엽활엽수를 성기게 식재하였다. 자연석 옆의 **모란**은 나뭇가지를 돌의 어깨에 걸기도 하고, 뒤에 선 모란은 꽃가지를 돌머리에 올려놓고 핀다.

　서면 작약이요, 앉으면 모란이라고, 모란은 자연석 또는 괴석과 잘 어울려서 동양화의 소재로 널리 활용되어 왔다. 그런 고로 모란의 시인 영랑 김윤식은 그 아름다운 꽃이 질 때 천지가 다 소멸되어 가는 듯 못내 아쉬워했다. 아름다운 것들은 왜 그리 빨리 사그라지는지, 그래서 피어 있을 때에도 공연히 질 때를 미리 그려보고는 보는 것조차도 슬프다 한다.

·

모란이 피기까지는

김윤식

모란이 피기까지는
나는 아즉 나의 봄을 기둘리고 잇슬테요
모란이 뚝뚝 떠러져버린날
나는 비로소 봄을 여흰 서름에 잠길테요
5월 어느날 그 하로 무덥든날
떠러져누은 꼿닙마져 시드러버리고는
천지에 모란은 자최도 업서지고
뻐처오르든 내보람 서운케 문허졌느니
모란이 지고말면 그뿐
내 한해는 다 가고말아
삼백에순날 하냥 섭섭해 우옵내다
모란이 피기까지는
나는 아즉 기둘리고 잇슬테요
찬란한 슬픔의 봄을

·

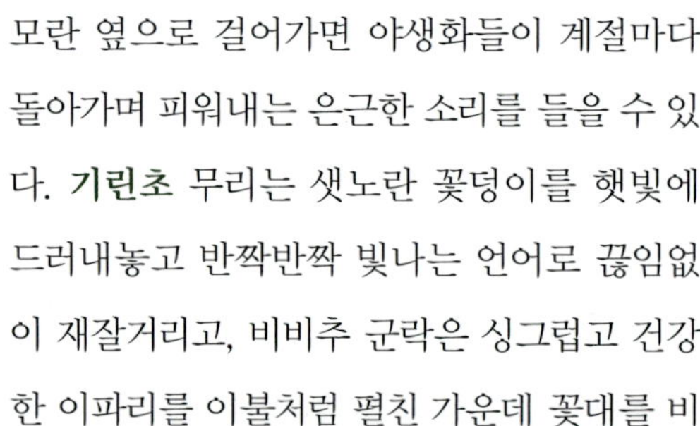

모란 옆으로 걸어가면 야생화들이 계절마다 돌아가며 피워내는 은근한 소리를 들을 수 있다. **기린초** 무리는 샛노란 꽃덩이를 햇빛에 드러내놓고 반짝반짝 빛나는 언어로 끊임없이 재잘거리고, 비비추 군락은 싱그럽고 건강한 이파리를 이불처럼 펼친 가운데 꽃대를 비

모란

모란을 잘 기르려면 따뜻하고 건조한 곳에 심는 것이 좋다. 중부이남 지역이 재배하기 좋으나 중북부지방에서는 재배초년 겨울에 얼어 죽기 쉬우므로 피복을 하는 것이 좋다. 토질은 배수가 잘되고 유기질이 풍부한 식양토나 점질양토가 좋으며 동남향으로 약간 경사진 곳이 적당하다. 목단의 품종은 상당히 많은데 대부분 일본 및 유럽에서 원예용으로 개량된 것들이다. 꽃의 특성에 따라 5가지 변종이 있어 줄기의 목질화 여부에 따라 목목단, 초목단, 반 초목단으로 구분하고 있다. 우리나라에서 재배하는 종은 주로 목목단이 많다.

기린초

돌나물과의 여러해살이풀이다. 산
지의 바위 곁에서 자라는데 키는 한
자 정도 된다. 뿌리줄기는 매우 굵
고 원줄기의 한군데에서 줄기가 뭉
쳐나며 원기둥 모양이다. 그래서 화
분에 올려 심고 굵은 줄기를 한 방
향으로 흘러내리게 가꾸면 매우 아
름답고, 정원의 암석 위에 올려 심
어도 보기 좋은 모양을 얻을 수 있
다. 잎은 어긋나고 긴 타원 모양으
로 톱니가 있으며 육질이어서 싱싱
한 느낌을 갖게 된다. 5~7월에 노
란 꽃이 꼭대기에 뭉쳐서 피는데 꽃
모양은 돌나물꽃과 비슷하다.

쭉 솟구치고는 보랏빛 수줍음을 층층이 토해
내며, 원추리는 꾸밈없이 솔직한 태도로 '있는
그대로 보라'한다.

·

사랑채 누대에 이르러 뒤를 돌아본다. 지붕에
서 흘러내린 처마선들은 가지런하여 마음을 차
분하게 가라앉히고, 손을 뻗으면 닿을 듯하다.
뜰은 평탄하면서 길쭉하여 걸림이 없고 담 밑
의 야생화들은 전래의 동화를 얘기하고 있다.
그리고 보니 입구에서부터 누군가의 보드라운

손에 이끌려 가는 듯한 느낌을 받았는데, 한옥
과 야생화 조원이 내는 조화로운 기운이었던
것이다.

안채의 담밑 화단에도 역시 배롱나무와 벌
개미취, 범부채, 옥잠화, 비비추, 붓꽃, 물싸리,
비비추 등 야생화들이 군락을 이루고 있다. 초
입에서 주황색 꽃을 담 높이까지 피워 올린 **참
나리**를 여기서 만나니 더 정겹다. 워낙 많은 개
체들이 이 나라 방방곡곡에서 자라므로 눈에
익어 그렇기도 하지만, 흔한 꽃을 이렇듯 섬세
하게 손질한 정원의 한 자리에 버젓이 내놓는
주인의 마음 씀씀이가 고마워서도 그렇다.

참나리

참나리는 전국의 산야에서 자란다. 땅속에는 여러 개의 비늘잎을 가진 둥근 비늘줄기가 있는데, 식용할 만큼 크고 이 비늘줄기로 번식도 한다. 나리꽃 중에서는 특이하게 잎겨드랑이에 갈색의 주아(珠芽)가 있어 이로써 번식을 한다.

꽃은 7~8월에 줄기 끝에 모여 피며 황적색 바탕에 흑자색 반점이 있고 뒤로 말린다. 짙은 적갈색의 꽃밥이 있는 6개의 수술은 꽃 밖으로 길게 나와 보기에도 탐스럽다. 정원 한 곳에 모아 심으면 멋진 배경을 이룰 수도 있고 옛 정취도 자아낸다.

•

일반적으로 한옥정원에서는 화단을 매우 정형적인 모양으로 조성해왔다. 따라서 정원을 조성할 때에는 자연경관을 주(主)로 삼고 인공경관을 종(從)의 위치에 두었다. 이러한 정원 조성의 배경에는 '인간은 자연 위에 군림하는 존재가 아니라 자연과 조화를 이루며 살아가는 존재'라는 관념과 '지나친 기교와 인위를 싫어하는 한국인의 선천적 대의성'이 함께 작용하였다고 볼 수 있다. 이것은 천혜의 자연환경 속에서 자연의 리듬을 말없이 느끼고 수용하는 과정에서 체득된 것이라 할 수 있다.

그러나 이러한 류의 정원은 벼슬이 주 수입원이었던 조선사회에서 고급관리의 저택이

나 별서정원 등에서나 가능한 조원방식이었지, 서민들의 세계에서는 가당치도 않은 일이었다. 서민들은 그저 울타리를 연해 봉숭아를 심거나 국화 몇 포기를 심는 것이 고작이었다.

•

온두물의 정원도 이에서 벗어나지 않아 안채의 오른쪽 담 아래에 자리 잡은 화단을 보면, 담을 따라 일정한 간격을 두고 몇 종류의 야생화를 순서대로 군식하였다. 갖가지 야생화의 맛을 내고 이를 합식하여 미적인 경관을 연출하는 것이 아니라, 단순히 이러이러한 종류가 있고 때에 따라 피어나는 야생화를 감상하면 좋다는 식으로 식재되어 있다. 이러한 방식으로는

야생화의 깊은 맛을 즐길 수 없고 그저 한옥 구조 전체의 균형이나 구색을 갖추는 정도에 머무르게 되고 만다.

안채의 끝까지 가서 돌아보면 이러한 모양이 한눈에 드러난다. 온두물은 공간의 제약이나 전체 구조의 안정성과 간결함, 조화와 균형, 시야의 트임과 막힘, 밝고 시원한 통풍과 음영 등을 골고루 잘 갖추고 있으나, 야생화 조원을 주제로 하고 있음에도 불구하고 기실 그 내용을 종합하면 그다지 내세울 만한 모습은 보이지 않고 있다. 변화가 적어 단조롭고 모양이 일률적이다보니 지루한 감마저 든다.

그러나 안채 뒤의 후원에 가보면 사정은 많이 다르게 나타난다. 전통 정원에는 화계가 많다. 한국은 산과 언덕이 많은데다가, 풍수지리사상의 영향으로 집 뒤엔 으레 비탈진 곳이 있기 마련이어서 이를 마무리하는 방법으로 화계란 조원방식을 사용해왔다. 여기서도 경사진 비탈면에 두 단으로 화계를 쌓고 담을 쳤는데, 화계 아래에 물이 가득한 석조를 배치하여 건조하고 직선적인 정원의 구조에 다소 부드러운 장면을 갖춘 것은 좋아 보인다.

그런데 화계 구조는 축대 위의 편평한 공간에 야생화를 심은 것이므로 결국 화단과 같은 기능을 한다. 이런 모양은 야생화를 주 소재로 하는 조원방식에 적합한 형태는 아니어

서 다양한 야생화를 선택하는 데에는 한계가
있다. 그러므로 이러한 제한사항을 해소하자
면 축대는 자연석 2단쌓기로 하여 곳곳에 돌
틈을 만들어 **돌단풍**과 기린초를 심고, 넓적한
바위 위에는 바위솔이나 **석위**, 넉줄고사리 등
을 올려놓는다면 한결 자연스럽고 운치 있는
정원을 갖출 수 있을 것이란 생각이다.

　정원은 시대 조류에 맞아야 될 뿐더러 이
를 사용하고 즐기는 이의 취향에 맞아야 한
다. 전통정원이라고 해서 유교적 이념을 최우
선시하거나 그에 따른 규율과 질서에 입각하
여 단정하고 규칙적인 정원의 모습을 갖추어
야 하는 것도 아니니만큼 야생화 조원 개념에
맞는 정원을 갖추려면 화계의 모양도 변화시
킬 만하지 않을까 생각한다.

·

화계 위로 올라가 담장부터 훑어본다. 담장의
중간까지는 흙과 돌로 쌓고 그 위로는 흙과 기
와로 쌓았는데 3단 용마루에 차꼬까지 댄 정식
기와담은 단정하며 맵시 있다. 담 벽에 붙은 검
푸른 담쟁이덩굴은 매우 건강하고 담 앞의 경
사지에는 앵두나무, 목단, 산수유나무와 비비
추, 옥잠화, 기린초, **작약** 등의 야생화들로 가득
하다. 아직은 야생화들이 온전히 자리를 잡지
못해 성기게 보이는 부분도 있으나 그것도 잠
시, 얼마 후면 빈자리를 다 메울 것이다.

　화계에 함초롬히 앉아 있는 작약은 만개

돌단풍

석위

작약

미나리아재비과의 내한성이 강한 숙근초로 원산지는 중국과 우리나라의 북부, 시베리아 남동부 등 한랭지이다. 작약은 유독성식물이나 백작약의 뿌리에는 중추신경억제 작용이 있어 진정·진통제로 사용된다. 토양이 깊고 배수가 잘 되며 약간 그늘진 곳에서 잘 자란다. 번식은 씨 또는 포기나누기로 한다.

하면 꽃 모양이 함지박처럼 크고 풍성하여 함박꽃이란 우리 이름이 잘 어울린다. 작약은 예부터 뿌리가 한약재로 이용되어 온 까닭에 약이 귀한 시골에서는 기르지 않는 집이 없을 정도로 흔한 야생화였으나 근자에는 어찌된 일인지 보기가 더 힘들어졌다.

•

이쪽 나무 밑에는 **매발톱**이 무리지어 있다.

•

화계 뒤로 돌아가면 작은 문이 나오고 이 문을 나서면 후원이 펼쳐진다. 담 너머로 올려다 보이는 후원의 정자는 처마 안쪽까지 훤히 드러나 보일 정도로 날렵한 날개를 가졌다. 정자에 오르면 안채와 사랑채가 담 너머로 보여 생각보다 깊은 곳에 들어와 있는 듯하다.

안채까지 돌아보자니 시간이 꽤 걸리고 땀도 족히 난다. 그늘이 아쉽고 목도 마른 터에 마침 집주인이 시원한 음료수를 권한다. 댓돌에 오르면서 대청마루 좌우를 둘러보니 시원하고 정결하기 그지없어 목마름이 금세 간곳없어진다.

흙으로 빚은 집

매발톱

미나리아재비과의 여러해살이풀로
세계적으로 70여 종이 있으며 우리
나라에는 3종이 있다. 꽃의 모양이
'매의 발톱'과 흡사하여 이름이 붙
여졌다. 깊은 산 속 개울가나 자갈
밭 또는 계곡 주변의 서늘하며 부
식질이 많고 배수가 잘 되는 곳에
서 자란다.
매발톱은 종자번식이 잘 되는데, 꽃
이 지고 나서 1~2개월 후 종피색이
엷은 다갈색이 될 때 채종하여 즉시
파종한다. 파종 후 2년차에 꽃이 핀
다. 여름철 직사광선에 노출되면 생
육이 불량해지므로 낙엽활엽수를
심어 그늘을 만들어 주는 것이 좋다.

판재들을 꼭 맞게 짜 맞춘 대청마루 위에는 찻
상이 놓여 있고 다구 일습이 차려져 있다. 우전
의 쌉싸름한 맛이 목구멍을 타고 스르르 내려
가면서 잠시 들인 수고를 씻어낸다.

차를 한 잔 하는 사이에 정신이 쇄락해지
니 그제야 대청마루의 모양이 바로 보인다. 보
와 기둥 굵기의 비례는 적절하여 넘침도 모자
람도 없는데, 보는 활처럼 휘어 용마루에서부
터 내리누르는 하중을 힘 안 들이고 받치고
있는 듯이 보여 걱정이 없게 한다. 안방과 건
넌방은 미닫이문으로 구분되어 있고, 앞뒤로
는 분합문을 달아 들어열개식으로 들쇠에 걸
어 안마당과 뒷마당을 이어주고 바람이 잘 통
하게 한다. 여기에 앉아 뒤뜰 화계에 가꾸어
놓은 야생화와 꽃나무를 내다보니 열린 문마
다 한 폭의 동양화를 담고 있다.

마루에서 얼추 땀을 식히고 나서 내실로 들어
가 우전차를 한 잔 한다. 차를 마시면서 생각
해보니 온두물의 야생화들은 모두 우리 야생
화들로서 종류도 다양하고 수량도 많은 편이
다. 작은 정원, 큰 정원, 화계, 후원 등에 식재
되어 있는 야생화들은 자생지의 조건과 유사
하게 양지, 음지를 잘 가려 자리 잡았고 전통적
인 화단에서 보이는 깔끔하고 정돈된 모양을

내고 있다.

그런가 하면 전통정원의 야생화 조원에서
보이는 한계를 느끼게도 한다. 일정한 폭의 화
단, 각진 축대와 기단, 그 외에 동선에 깔린 마
사토로 된 흙바닥 등은 아무래도 도식적이고
단조로운 느낌을 준다. 이 정도의 규모를 가진
한옥이라면 중간 중간에 소동산을 만들어 자
연스러운 입체감을 주어도 좋겠고 화단선의
곡선화를 통해 지루한 감을 덜어줄 수도 있을
것이며, 화계의 석축도 자연석 쌓기 방식으로
변화를 주면 좋지 않을까 생각해 본다.

토담골

경기도 광주시 퇴촌면 영동리

한식당 토담골이 위치해 있는 영동리 일대는 산자수명(山紫水明)하다. 한남정맥의 한 지맥이 천진암의 진산인 앵자봉을 일군 후 북방의 두물머리를 향해 곧추 내달리면서 해협산에서 정암산까지 산괴(山塊)를 이루는 중산간에 위치해 있으니 물 맑고 공기 좋고 산세 좋을 건 자명한 이치이다.

자고로 '퇴촌'이란 이름은 '더 이상 퇴각할 수 없는 마을'이란 뜻이다.

현재는 양평과 이천 방면으로 길이 뚫려 있지만 옛날에는 남쪽과 동쪽이 산으로 둘러싸인데다 북쪽은 물로 길이 끊겨 있었으니 겨우 서울에서의 행차만 가능한 곳이었다. 그래서 북방의 적군이 침입하면 퇴촌으로 유인해 섬멸했다고 할 정도이다. 그러나 퇴촌은 전술상의 요충지보다는 왕실도자기 생산지로 더 유명하다. 이곳에서 완성된 도자기들은 남한강을 통해 궁중으로 보내졌다고 하나, 그 유명세와는 달리 현재까지 복원된 가마터는 없다.

•

영동리에 이르면 앵자봉과 해협산 능선에서 동쪽으로 흐르는 계곡물이 모여 마을 앞을 흐른다. 그 계곡 건너편에 토담골 식당의 가지런한 기와담이 보인다. 담 안에는 풍채 좋은 기와집이 묵직하게 들어 앉아 있고, 정원의 소나무와 향나무는 언뜻 봐도 배식이나 앉음새가 예사롭지 않다.

건물의 배치와 구조를 보니 두 채의 기와집이 안채를 구성하고, 한 채의 초가집이 행랑채 역할을 하고 있으나 지형여건상 전통적인 배치방식과는 사뭇 다르다. 평지에 터진 ㄷ자 모양으로 배치된 한옥은 처마를 높직하게 올리고 측면을 두 칸으로 넓게 구성해 우람하고 장중한 분위기를 자아낸다. 식당만 아니라면 틀림없이 저 안에서 풍채 좋은 대갓집 마님이 걸어 나올 판이다.

아스팔트로 포장된 주차장을 지나 안으로 들어서니 정원의 모습이 단아하다. 가지런하게 다듬어진 소나무와 향나무 아래에는 파란 잔디가 깔끔하게 정리되어 있고 영산홍, 맥문동, **상사화** 등 야생화들이 보인다.

•

문득 길 좌측의 소나무 아래 반달같이 생긴 둥근 입석이 나타난다. 입석에는 이 건물이 서게 된 배경과 연혁, 추구하는 방향을 제시한 글이 음각되어 있다. 입석 위에는 담쟁이덩굴의 두껍고 반짝이는 이파리가 미풍에 한들거리고, 입석 뿌리 부근에는 **참나리**, 수호초, 돌단풍, 붓꽃 등이 치장을 하고 있다. 이렇듯 야생화는 한 건물의 의미에 향기를 불어 넣어주는 역할도 한다. 입석 앞 나무로 된 구유 안에는 **각시붓꽃**이 가지런히 자라고 있다.

•

상사화

참나리

각시붓꽃

안채 마당에는 자연산 소나무를 배식하여 깊은 산 솔바람을 들인다. 한쪽의 소나무는 한 폭의 문인화를 연상시키며, 돌확에 심은 수련과 노랑어리연꽃은 한가로운 정취를 자아내고 있다.

사랑채 격인 一자형 건물의 한켠에는 한 무리의 **덩굴장미**가 마당에서 처마까지 붉은 꽃을 피워 올렸다. 안마당의 동선을 따라 도드라지게 깐 검은 판석이 주변 조경소재와 조화를 이루는 등 전체적으로 간결하면서도 고졸한 맛을 풍긴다.

차분하게 정리된 중정을 지나온 탓인지 마음이 가라앉는다. 한옥의 가지런한 추녀선과

나무 기둥이 주는 안온함 안으로 들어서며, 고개를 드니 추녀로부터 비스듬히 올라간 골기와 지붕선이 마음을 다시 한 번 잔잔하게 한다. 이래서 한옥을 짓고 사는 모양이다.

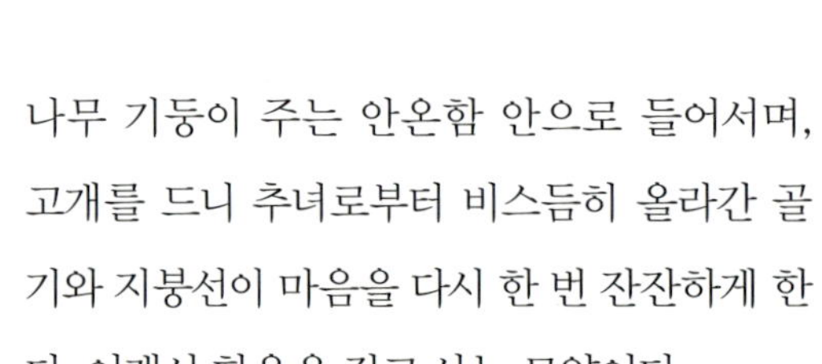

어느새 현관에 닿았다. 문 양쪽에는 커다란 무쇠 솥에 야생화를 심어 놓았다. 왼쪽에는 **섬초롱꽃**이 청사초롱에 불을 밝히며 서있고, 오른쪽에는 새색시 같은 **족두리풀**이 그득하다.

현관 앞은 아예 야생화 전시장이다. 통유

전국의 숲 속 그늘에서 자라는 붓꽃과의 여러해살이풀이다. 다 자라면 키가 약 30㎝ 정도 된다. 붓꽃에 비해 잎이 가늘고 짧지만 매우 맵시가 있다. 꽃줄기는 짧아서 손가락 하나 정도의 길이가 될까 말까 하다. 이렇듯 붓꽃에 비해 전체적으로 크기가 작으므로 구유와 같은 소품에 심으면 잘 어울린다. 봄부터 초여름 무렵까지 꽃을 피우며 뒷동산의 정경을 연상케 하는 살가운 야생화다.

리를 댄 벽체 앞에는 나무구유 위에 널찍한 판석을 세 개나 올리고 갖가지 야생화들을 심어 놓았다. 섬돌 옆 석조 안에는 도톰하고 동그란 잎을 가진 **수련**을 띄웠다. 돌확에는 밝은 햇살을 받아 샛노랗게 반짝이는 **노랑물안개**를 심고, 반대쪽 창밑으로는 야생화 분화들을 나란히 늘어놓아 실내에서 봉당을 내다보면 꽤나 운치 있게 보이겠다.

현관 안에 들어서서 창가로 가려다가 지나온 중정을 뒤돌아보고 싶어졌다. 문을 통해 중정을 바라보니 소나무 그림자는 창에 어른거리고 야생화 분화들은 창가에 옹기종기 모여 마치 소꿉장난하는 아이들 같다. 액자에 끼운 그림 같다.

실내에 들어 툇마루에 신발을 벗어 놓고 넉넉하게 마련된 창가 자리에 앉는다. 각 방의 창마다 조각보로 만든 다양한 커튼을 달아 단조로움을 없앴고, 벽에 걸린 그림들은 모두 진품들로서 한옥을 더욱 운치 있게 한다.

덩굴장미

섬초롱꽃

족두리풀

수련

노랑물안개

이곳 토담골은 정식 외에도 30여 가지 반찬과 함께 나오는 돌솥밥이 구수하다. 간장게장, 질 좋은 조기구이, 육회, 더덕구이, 홍어회 등이 교자상을 그득 메우고 있다. 국산 콩을 사용한 간장이며 된장, 고추장이 깊은 맛을 내고 해물과 제육 맛이 돋보이는 야채보쌈과 기름기를 제거한 담백한 족발, 전통맷돌로 직접 갈아 만든 녹두빈대떡도 일품이다. 특히 김치는 매년 12월에 담가 앞마당의 김장독에 묻어 발효시킨 것으로 전통의 맛을 느낄 수 있게 한다. 이곳은 외국인들에게 한국의 멋과 맛을 보여주는데 손색이 없겠다.

•

뒤꼍으로 돌아가니 장독대에는 항아리들이 가지런하다. 어머니들이 장독뚜껑을 열고 손가락으로 맛을 보는 장면이 떠오른다.

생각해 보면 장독대는 어머니들의 애환이 자연스럽게 올라 앉아 있는 곳이고, 가족의 건강에 대한 기원이 정령(精靈)으로 화해 구수한 냄새를 풍기는 곳이다. 어머니들은 늘 장독대에 정화수 한 그릇을 올려놓고, 객지를 다니는 자식 몸 성하기를 두 손 모아 빌고 또 빌었다. 낮이나 밤이나, 덥거나 춥거나 가리지

영산홍

않고 올리는 그 기도 소리가 들리는 듯하다. 그렇게 어머니의 기원으로부터 맺힌 이슬방울 같이 투명한 정령들은 장독마다 맛을 들였고 그로써 가족은 무애 무탈하게 생활을 영위해 왔던 것이다.

·

장독대 옆에서는 **영산홍**이 돌 틈에 붉은 꽃을 피워 어머니를 위무(慰撫)하고, 나팔꽃은 새끼줄을 타고 처마와 담을 기어올라 이른 아침의 삽상한 공기에 순정을 선사한다.

문득 장독대의 단상이 어딘가의 물소리에 의해 끊어지는데, 가만 들어보니 황토기와담 앞의 곡수에서 나는 소리다.

·

곡수란 물을 자연에서 정원으로 끌어들여 인공적으로 에돌아 흐르게 만든 것으로 정원의 운치를 돋우기 위한 조경 요소로 사용된다. 이를 이용한 유상곡수(流觴曲水)는 삼월 삼짇날, 굽이도는 물에 잔을 띄워 그 잔이 자기 앞에 오기 전에 시를 짓던 놀이이다. 기원은 서기 353년

중국 동진시대 절강성에서 명필 왕희지 등 당대
의 학자들이 난정(蘭亭)이라 불리는 곳에 곡수
를 만들어 놓고 회동한 것에서 비롯된다. 이는
중국뿐 아니라 우리나라와 일본 등 동북아 3국
에 널리 전해져 왔으나 현재 남아 있는 유적은
극소수에 불과하다.

토담골에 마련된 곡수의 폭은 두 자 가량
되고 가장자리는 막돌을 한 뼘 정도 높이로
쌓았으며, 바닥에는 조약돌을 깔아 깨끗한 시
냇물의 정경을 연출하고 있다. 곡수 주변에서
는 시절 따라 흰 **옥잠화**의 맑은 향기가 물을
좇아 흐르기도 하고 초롱꽃이 조롱조롱 열리

옥잠화

비비추

구절초

붓꽃

며 비 오는 날엔 보라색 **비비추**가 함초롬하다. 방문하는 이들을 맞아 여름에는 탁족을 하고 가을에는 **구절초**를 따서 물에 씻어 말린다.

•

곡수 안에 담겨진 의미를 되새기다 보니 선조들의 지혜와 삶을 어루만지며 사랑하는 자세가 보이는 듯하여 잠시 감회에 젖어 든다. 이를 아는지 석조 뒤에 서있는 **붓꽃**이 발을 석조 안에 넣은 채 물장난을 하고 있다.

•

이제 그만 산책을 마쳐야겠다. 뒤뜰로 나오니 화단 한켠 조그마한 석등 주변에 자리 잡은 갖가지 야생화들이 따스한 햇살 아래 소담스럽게 모여 앉아 한적한 풍경을 그리고 있다. 나도 따라 슬며시 기지개를 켠다. 참 좋은 햇살이다.

고가

경기도 김포시 고촌면 풍곡리

김포는 한강 하류에 위치한 평야지대로 비옥한 벌판은 있으나 한강 중상류지방에서 흔히 보이는 산자수명(山紫水明)한 모습은 찾기 힘들다. 마을들은 대개 야트막한 뒷동산을 배경으로 앞으로는 너른 들이 펼쳐진 엇비슷한 풍광을 안고 있다.

김포 고촌의 한정식집 '고가'가 위치한 풍곡리도 전형적인 김포 벌판에 자리한 마을이다. 마을 뒤편 산 아래에 바투 붙어 있는 고가는 지은 지 100여 년이 된 '지은 지 퍽 오래된 집(古家)'이기도 하지만 흔히 떠올리는 전통적인 한옥은 아니다. 깊은 숲으로 둘러싸여 고즈넉한 풍치를 한 몸에 품고 정원 가득 갖가지 야생화들이 향연을 펼치고 있다.

•

진입로 초입에는 오래된 느티나무 몇이서 큰 그늘을 드리우고 손님을 맞는다. 다리를 건너고 카페를 지나 대문간 앞에 서있는 석탑에 이르기까지, 길 좌우에 펼쳐진 야생화들이 풍기는 모양새가 여느 식당과는 많이 다르다.

애기동의나물은 반짝이는 검푸른 이파리 속에 노란 꽃을 피우고, 무늬털머위는 넓은 이파리에 노란 반점을 선명하게 드러내며 주위를 두리번거린다. 송엽국은 한창 꽃분홍 잔치를 벌이고, 샛노란 꽃을 이고 있는 돌나물은 맷방석처럼 널찍하게 퍼져 있다. 그 사이사이에 분홍색 앵초 꽃이 살갑게 웃고 있는데,

뒤에는 꽃댕강나무가 하얀 꽃을 주렁주렁 매달고서 바람이 불 때마다 짙고 맑은 향기를 뿜어낸다.

매발톱은 희뿌연 이파리를 살랑거리며 기이한 모양의 거(매의 발톱같이 꼬부라진 꿀주머니)를 치켜들어 깊고 오묘한 꽃 속을 살짝 내보인다. 이곳에서는 매우 다양한 매발톱들을 볼 수 있다. 자줏빛을 띤 검붉은색, 우윳빛, 보라색으로 피는 자생종들과 키가 작고 단아한 모양의 독일 매발톱, 가지각색의 화려한 원예종 매발톱 등이 여기저기 피어 있다.

•

대문 안으로 들어가려다 문간을 유심히 살펴보니 석등 주변에 배식된 야생화들이 저마다 자기 자리를 곱게 차지하고 있다. 석등 발치에는 **애기기린초**가 빙 둘러서서 꽃신을 신겨 주고, 나무 계단 좌우 화단에는 가지를 아래로 늘어뜨린 **섬백리향**이 자잘한 분홍색 꽃과 짙은 향기로 건조함을 상쇄시켜주고 있다. 석등 우측의 높은 화단에는 **무늬둥굴레**가 가득한데 시원한 줄기와 이파리 사이로 희끗희끗한 줄무늬가 상큼하다. 이곳 야생화들은 각각의 개성에 맞추어 자리를 잡고 앉아 전체적으로 조화를 이루고 있다.

•

매발톱

매발톱은 꽃잎의 뒷부분에 붙은 꿀주머
니가 마치 매의 날카로운 발톱같이 구부
러진 모양을 하고 있다고 하여 붙여진
이름이다. 독특한 꽃 모양 못지않게 선
명한 화색과 깔끔한 잎 모양 때문에 원
예식물로 개량, 도입된 외국식물로 생각
하기 십상이지만 우리의 산과 들에서 자
생하는 야생화이다. 화단에 많이 심겨져
친숙하지만 산과 들에서는 골짜기의 양
지에서나 뜻하지 않게 만나는 꽃이다.
꽃이 피는 기간은 약 2주 정도로 매우 긴
편이다. 번식과 재배법도 쉽기 때문에
야생 그대로 화단이나 화분에 심어 감상
할 수 있을 만큼 관상식물로서의 장점이
많다. 게다가 주변에 다른 종류를 같이
심어놓으면 인공수정을 하지 않더라도
종간교잡이 잘 이루어져 다양한 형태의
교잡종이 나타난다.

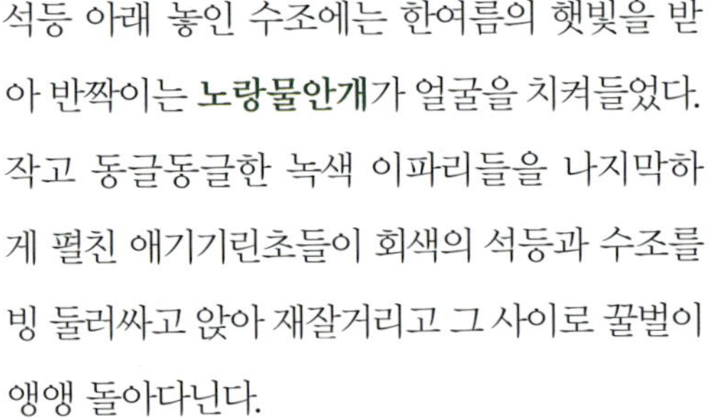

석등 아래 놓인 수조에는 한여름의 햇빛을 받
아 반짝이는 **노랑물안개**가 얼굴을 치켜들었다.
작고 동글동글한 녹색 이파리들을 나지막하
게 펼친 애기기린초들이 회색의 석등과 수조를
빙 둘러싸고 앉아 재잘거리고 그 사이로 꿀벌이
앵앵 돌아다닌다.

집 오른쪽으로 돌아가니 **흡왕원추리** 한 무리
가 샛문 옆의 담 벽에 기대서서 한낮의 햇볕을
즐기고 있다.

뒤편에는 낮은 폭포에서 내린 물이 연못으로
흘러든다. 연못가에는 **돌단풍, 영산홍, 바위취**

애기기린초

섬백리향

무늬둥굴레

노랑물안개

등이 자라고 있다. 옹기종기 모인 바위취들이 약속이나 한 듯 길고 가냘픈 꽃대 끝에 여린 꽃들을 동시에 피우면, 바람에 살랑살랑 흔들리는 모양이 춤을 추는 것 같고 작은 깃발을 흔들고 있는 듯 보이기도 한다.

대문 앞에 서서 남쪽으로 놓인 정원을 내려다보니 자귀나무 사이에 노란 원추리 꽃망울들이 서있고 꽃대 사이 틈으로 장독대가 보인다. 이곳 고가에서는 주로 한정식을 내기 때문에 음식의 맛은 자연히 저 장독대에서 나오게 마련이다.

묵으면 묵을수록 맛이 드는 질항아리 속에 메주를 띄워 장을 담그고, 고추장을 담가 각종 요리를 맛나게 한다. 여름 뙤약볕을 받은 장독은 항아리에 들어 있는 여러 음식을 소리 없이 익힌다. 맵고 짜고 아리던 맛은 인고의 나날들을 보낸 후에 제 맛을 낸다.

고가의 안주인은 시집살이나 생활의 어려움이 있을 때마다 장독대 위 질항아리를 열고 짭짜름한 냄새 속에 눈물방울을 떨어뜨리며 무거운 짐을 풀어 내렸을 것이다. 함박눈이 오는 날이면 뒷동산에서 끌어다 쌓아 둔 소나무 가지로 불을 지피며 커다란 가마솥에 하얀 쌀밥을 짓고, 밥솥 한 귀퉁이에 구수한 강된장을 넣고 끓여 장독대가 만들어낸 조화로 입맛은

살아나 모두의 건강이 유지되었을 것이다.

아래 정원으로 내려가니 **붉은인동**이 장독대 옆으로 낸 나무담장을 기어올라 향나무 가지 위에까지 뻗쳤다. 붉은인동은 희고 노란 인동 꽃보다 다소 화려하긴 해도 잔잔한 품은 대동소이하다.

앞에 서니 늘어진 줄기에 한 주먹씩 피어난 오동통하며 붉고 길쭉한 꽃이 파란 하늘에 대고 나팔을 분다. 나비들이 날개를 펄럭이듯 꽃봉오리들은 슬쩍 위를 향해 솟았고, 소프라노 가수처럼 한껏 벌린 입안에는 목젖이 보인다.

홑왕원추리

돌단풍

영산홍

바위취

붉은인동

인동은 생명력이 강해 심은 지 2~3년이면 주체하기 곤란할 정도로 무성하게 자라는 식물이다. 번식도 쉬워 뿌리를 한 뼘 정도씩 잘라 꽂고 물을 주면 며칠 안가서 잔뿌리가 내린다. 많은 묘목을 얻고 싶으면 줄기를 끊어 꺾꽂이를 해도 된다.

햇볕이 잘 드는 양지를 좋아하지만 반그늘에서도 잘 산다. 흙도 가리지 않는 편이나 기름지고 모래가 섞인 참흙에서 제일 왕성하게 자란다. 메마른 땅에서 살기도 하지만 왜소하고 꽃이 잘 피지 않는다.

병충해도 없거니와 추위와 가뭄에도 잘 견디고 황폐하여 메마른 땅에서도 잘 죽지 않는다. 그러므로 척박한 땅에 심어 빗물에 흙이 씻겨 가는 것을 막을 수 있고 점차 다른 풀이 자라도록 땅 힘을 키워 줄 수 있다. 함성(鹹性)이 강하여 소금기 많은 땅에서도 잘 자라므로 해변의 정원이나 공원에 아치를 세우고 감아올리면 좋다. 큰 바위에 기대어 기어오르게 하면 제일 잘 어울린다.

주위를 다 둘러보았으니 이제 장독대 앞으로 나아가자. 장독대 뒤로는 행여 장독대가 부정이라도 탈세라 기치창검을 곧추 세운 원추리들이 줄지어 호위하고 있다.

원추리는 흉격(胸膈)이라고 하여 사악한 기운이 영혼에 침입하여 생긴 마음의 병을 치료하는데 매우 좋은 약이라 하였다. 원추리의 사정이 이러하고 밝고 통풍이 잘 되는 곳에 장독대가 위치하니 세균이 범접하기 힘들 것은 물론, 하루 종일 장독대를 드나드는 안주인의 건강에도 좋은 영향을 미칠 것이다.

장독대 앞 장방형 연못에는 수련 꽃이 예쁘게 피었고 달걀 모양의 **노랑어리연꽃** 이파리들이 동동 떠있다. 보통 연꽃은 꽃잎이 벌어졌다 오므라졌다 하면서 여러 날을 보내는데 비해 노랑어리연꽃은 아침에 피었다가 한낮을 지내면서 져버리니 하루살이도 못하는 셈이다. 꽃도 연꽃같이 우람한 것이 아니라 오이꽃같이 생긴 것이 작고 연약해 보인다. 하지만 머잖아 이 연못은 노랑어리연꽃으로 뒤덮일 것이다. 연꽃마냥 진흙 속에서 옆으로 길게 뻗는 노랑어리연꽃은 뿌리의 번식력이 매우 강하기 때문이다. 수면을 뒤덮은 녹색의 이파리 사이로 노란 꽃들이 머리를 내민 모습은 생각만 해도 아름답다.

노랑어리연꽃

무화과나무

연못에서 올라와 집 뒤꼍의 연못으로 가는 길에 밑둥치가 잘려진 나무가 넓고 긴 이파리를 달고 섰다. **무화과나무**다.

무화과나무는 추위에 약하여 남부지방에서는 잘 자라나 중부지방에서는 아무리 양지 바른 곳에 심어 기른다 해도 겨울을 지내고 나면 뿌리만 살아남아 매년 다시 줄기를 올린다. 무화과가 지중해성 과일이기 때문에 우리나라에서는 상당히 귀하다. 그나마 영암이나 해남, 진도 등지에서 자주 볼 수 있다.

무화과는 꽃 없이 열매를 맺는다. 아니, 열매 속에 꽃을 피운다는 시적인 표현이 어울린다. 열매 속에서 속꽃이 피다니... 일반적으로 꽃을 보면 환하거나 앙증맞고 열매는 속이 가득 차있다는 느낌을 받는다. 그러니 속꽃 핀 열매란 드러내지 않고 자기 존재를 각인시키되 어느 정도 현실적인 성취도 있음을 뜻한다.

개굴창가를 따라 비틀거리며 걸어갈 때 검은 도둑괭이가 날쌔게 지나간다는 것은 하필이 세상과 자신의 삶이 화해하려는 순간에 도둑괭이가 나타나 다시 어두운 세계로 데리고 들어가는 상징이다. 우리 모두는 이 세상과 끝

내 화해하지 못하고 어두운 세계에 짓눌려 방
황하다가 한 많은 인생들을 마감할 것이라는
자조가 섞여 있는 것이다. 이러한 시를 낳게
하는 무화과꽃은, 그래서 신비롭기까지 하다.

·

무화과

김지하

돌담 기대 친구 손 붙들고
토한 뒤 눈물 닦고 코풀고 나서
우러른 잿빛 하늘
무화과 한 그루가 그마저 가려섰다

이봐
내겐 꽃시절이 없었어
꽃 없이 열매 맺는 게
그게 무화과 아닌가
어떤가
친구는 손 뽑아 등 다스려주며
이것봐
열매 속에서 속꽃 피는 게
그게 무화과 아닌가
어떤가

일어나 둘이서 검은 개굴창가 따라
비틀거리며 걷는다
검은 도둑괭이 하나가 날쌔게
개굴창을 가로지른다

제비꽃

제비꽃은 서울제비꽃, 태백제비꽃,
남산제비꽃, 광릉제비꽃, 화엄제비
꽃, 금강제비꽃, 각시제비꽃 등 우
리나라 자생종만 60여 종이 있을
정도로 흔한 야생화지만 정원에 심
어 가꾸면 이른 봄의 화단을 가장
정감 있게 장식해주는 꽃이다. 여러
원예품종이 개량되어 꽃도 크고 흰
색, 보라색, 노란색 등 색도 다양하
다. 씨 번식도 잘 되므로 매년 자연
증식되어 쉽게 군락을 이룬다.

·

자갈길을 자박자박 걸어 뒤꼍으로 돌아가니 길
가에는 **제비꽃** 잎이 자잘하게 깔리고 낮은 폭
포가 떨어져 이루는 연못 위의 축대 돌 틈에는
영산홍, 붉은단풍나무, 남천, 산수국, 꽃댕강나
무 등이 짙은 녹음을 이루고 있다.

·

뒷동산과 묘지 근처까지 아직도 돌아보아야 할
공간이 많이 남은 듯하나 한꺼번에 많은 곳을
돌아보면 식상할까봐 이 정도로 그치자 하면서
우리는 빈 방으로 들어가 차 한 잔을 했다. 깔
끔한 방의 키 높이쯤에 ―자로 터놓은 쪽창이

특이하다. 까만 창문 밖에는 하얗게 반사되는
이파리의 담쟁이덩굴이 내밀한 이야기를 속삭
이며 슬금슬금 기어간다.

·

고가의 우리 자생화들은 대대로 이 땅에서 자
라온 것들이라 그런지 입고 있는 옷도 땅에 잘
맞고 새긴 무늬도 정감 어리며, 말도 잘 한다.
소담한 장독대와 연못 주변을 에워싸고 있는
여러 가지 야생화들이 내는 감칠맛은 일년내내
가실 줄을 모른다. 이곳 '고가'란 이렇듯 옛날식
의 정겨운 분위기를 내는 집이란 뜻인가 보다.
　고가에 가면, 그들이 하는 이야기를 귀담
아 들을 일이다.

봉래정
서울시 강서구 외발산동

김포공항 근처에 있는 메이필드 호텔의 대표인 이씨는 청와대를 비롯, 과천 서울대공원, 잠실 올림픽 경기장, 도산공원 등의 조경을 맡았던 조경전문인이다. 그가 자식처럼 돌보던 나무들이 이제 울창하게 자라 많은 사람들의 휴식처로도 손색이 없는 숲을 이루게 됐다. 자연과 조화된 휴식처를 만들기 위해 호텔을 설계하는 데에 많은 시간을 투자하여 어디에서 보아도 나무와 자연을 즐길 수 있는 독특한 공간이 되도록 하였다. 호텔은 숲을 압도하지 않도록 자연에 가까운 색깔의 벽돌로 나지막하게 지었고, 머무르는 사람들의 시선이 최대한 외부로 향하도록 소박하고 깨끗하게 장식했다. 그래서 〈겨울연가〉, 〈여름향기〉, 〈황태자의 첫사랑〉 등 인기 TV 드라마의 촬영장소로도 자주 이용되었다.

메이필드 호텔 별채에는 야생화 조원이 잘 되어 있는 '봉래정(蓬萊亭)'이란 한식당이 들어서 있다. 40여 년 간 가꾸어 온 3만여 평의 녹지를 살려 호텔을 건축한 뒤, 본 건물과 떨어진 숲 속에 한옥을 짓고 식당을 들였으니 호젓하고 안온하다. 이 한옥은 인간문화재 이일구 대목이 손수 지은 전통궁궐 양식의 건축물인데 유럽풍 호텔 건물들과 이색적인 조화를 이루고 있다. 대들보와 서까래가 얽힌 섬세한 구조, 높은 천정과 한지를 바른 격자창 등 단순한 한식당 차원을 넘어 한국의 미를 알리는 상징물이 되기에도 부족함이 없다.

•

호텔 내부 도로에서 봉래정으로 접어드는 담 밑에 이르러 건물을 올려다보니 기와담은 두 단으로 쌓은 석축 위에 세 번을 꺾어 조금씩 돌출시켜 단조롭지 않게 하였다. 대문에 이르는 길 옆과 단 위에 야생화 무리를 이루어 놓음으로써 한옥 건축물에 부드럽고 포근한 분위기를 불어넣고 있다.

•

붉은 벽돌이 깔린 바깥마당에 서서 대문 쪽을 바라보면 깔끔하게 꽃무늬를 넣은 기와담이 산뜻하고 담 한쪽에 세운 솟을대문은 단아하다. 대문으로 오르는 계단 아래에는 **무늬비비추**, 옥잠화 등 한 무리의 야생화들이 풍성한데, 이처럼 수문장 대신에 야생화 무리를 앉혀 놓은 발상이 이채롭다. 지금은 연보랏빛 무늬비비추 꽃이 한창이다.

•

대문 안으로 들어서니 길 따라 금낭화, 옥잠화, 비비추, 수호초, 붓꽃 등의 야생화들이 가득하다. 야생화 군락 한 곳에는 가로등이 서있는데, 이 정도의 경관을 보이는 봉래정이라면 야경도 자랑할 만할 것이다. 야생화 군락 안에 드문드문 놓여 있는 바위들도 불빛을 받으면

무늬비비추

전국의 산과 들 어디에서나 널리
자라는 백합과의 숙근성 여러해살
이풀이다. 잎에 무늬가 있어 꽃이
없어도 볼 만하여 조원용으로 많이
이용된다. 반음지식물이지만 양지
에서도 잘 적응한다. 전 세계에 40
여 종이 있는데, 우리나라에는 8종
이 자생한다. 개화기는 7~8월로
연보라색 꽃이 한쪽 편을 향해 가
지런히 핀다.

궁궁이

자줏빛이 도는 줄기는 크고 곧게 자
라고 많은 가지를 치며, 한여름이면
가지 끝마다 하얀 우산을 펼쳐 들어
장관을 이룬다. 산골짜기 냇가에서
주로 자라는 궁궁이는 보혈, 활혈,
정혈제로 처방하여 부인병, 진통,
진정, 두통, 어지럼증, 빈혈 등을 다
스리는데 쓰는 대표적인 한약재다.
보기도 좋고 약초로도 쓸 수 있으니
가까이 심어 둘 야생화다.

조원의 맛을 더욱 깊게 낼 것이다.

•

길옆 석등을 둘러싸고 있는 **산수국**은 꽃이 한 창 필 때면 석등의 은은한 불빛에 보랏빛 산수 국의 몽환적인 분위기가 더하여 푸르스름한 전설을 그려낼 것이다. 넓적한 큰 바위는 무대인 셈이다.

•

정원에 있는 야생화 주위의 정원수들은 한결같이 깔끔하게 손질되어 있어 차분한 분위기를 자아낸다. 그 중 늙은 수양버들 아래에선 갖가지 야생화들이 종알거리고 있다.

•

산책길 앞으로는 늘어선 담 아래에는 쟁반같이 둥글고 하얀 꽃들이 군락을 이루고 있다. **궁궁이**다. 깊은 산골에 사는 궁궁이들이 버젓이 시내 한복판에서 활개를 펴고 있으니 매우 신선하게 느껴진다. 이런 시도를 한 이 덕분에 봉래정은 건축뿐만 아니라 조경에서도 완성도를 높이고 있다. 그리고 보면 야생화 조원의 범위와 깊이는 이루 헤아릴 수 없는 것이다.

봉래정은 아담한 한옥 식당이다. 여기 작은 정원의 야생화들은 민속품과 소품의 도움으로 제 맛을 내고, 밤에도 가로등 불빛을 받아 깊고 그윽한 풍경을 만든다. 식당들이 이런 정도의 경관을 보인다면 다녀가는 이들은 또 하나의 즐거움을 맛볼 수 있을 것이니 그야말로 누이 좋고, 매부가 좋을 일이다.

산수국

꽃이 적은 한여름 숲 가장자리에서 오묘한 보라색 꽃을 피워 사랑을 받는 들꽃이다. 산수국(山水菊)은 산에서 피어나는 국화를 뜻한다. 꽃 모양은 국화와 많이 다르지만 그 기품이나 아름다움이 국화 못지않아 이름 붙여졌다. 크게 두 종류의 꽃이 모여 하나의 원반 같은 커다란 꽃차례를 만든다. 가운데 있는 꽃들은 유성화로서 번식을 담당하고 가장자리의 꽃들은 무성화로 수술과 암술은 퇴화했으나 크고 환한 모양으로 벌과 나비를 유혹한다.

명지원
전남 담양군 고서면 고읍리

소쇄원에서 명옥헌으로 가는 길에 명지원에 들렀다. '예술마을 명지원'으로 가는 길은 한여름의 싱싱한 초록물결로 가득하다. 다양한 예술을 펼쳐내는 복합 문화공간인 명지원에는 전통 한옥의 다실, 현대 건축물인 별뫼홀, 전시 전용 공간인 갤러리가 야외 조각전시장과 함께 어우러져 있다. 사진작가인 주인과 성악가였던 안주인이 20여 년간 공들여 만든 공간이다.

•

오래된 대문 옆에 전통 서각으로 만든 명지원이란 간판은 간결하고도 미려하다. 이 공간이 지향하는 바를 상징적으로 표현하고 있다. 대문을 들어서면 정면에 고풍스런 한옥이 보이고 오른쪽 잔디밭 사이로 난 판석길 저편에는 현대식 건물이 횡으로 길게 늘어서 있다. 잔디밭 초입에는 크지 않되 소담한 관을 쓴 소나무 한 그루가 서있고 그 옆으로 작은 연못이 들어앉아서 객을 맞는다.

•

자연석을 쌓아 물을 가두어 놓은 작은 연못의 가장자리에는 키 낮은 누운향나무와 영산홍, 둥근 소나무들이 모여 앉아 있다.

•

잔디밭 가운데 난 판석길을 따라 한옥으로 간다. 좌우로 보이는 것은 온통 초록빛이다. 처마 밑에 이르러 걸어온 길을 돌아본다. 연초록빛 잔디가 깔려 있는 중에 초록빛 그늘을 드리우고 있는 소나무가 두드러져 대문간의 단조로움에 변화를 주고 있다. 사진작가의 시각은 조그만 차이에도 반응한다. 이 공간에는 야생화가 드물다. 굳이 꼽는다면 잔디가 야생화다.

80년 된 한옥을 이설하고 벽체를 통유리로 개조한 차실에 앉아 정원을 내다보면 역시 잔디밭 가운데 작은 소나무 한 그루가 보인다. 그러고 보니 이곳의 소나무들은 뿌리 근처에서 많은 가지가 나오는 **반송**들이 대부분이다. 차탁 위에는 찻상보로 덮어 놓은 다구 일습이 놓여 있다. 찻상보를 걷어 내고 우전차 한 잔을 한다.

•

차실에서 밖으로 나온 후 잔디밭을 가로 질러 야외조각전시장 끄트머리로 이동했다. 소나무 숲으로 둘러싸인 차실 건물이 아득하게 멀리 보인다.

차실 옆으로는 별뫼홀과 갤러리의 모습이 보인다. 이곳 주인은 정원이 난삽하게 유지되는 것을 원치 않는다. 다양한 꽃과 넓고 좁은 이파리를 가진 야생화들이 보이는 변화는 잘 관리하지 못하면 경관을 해친다. 야생화의 변화를 잘 통제하려면 늘 관심을 가지고 부지런히 손발을 놀려야 한다. 그렇잖아도 바쁜 일상에 별도의 시간을 내기란 그리 만만한 일이 아니다. 그래서 잔디밭 하나만 가꾸기로 하였다. 잔디를 관리하여 일년내내 보기 좋은 상태를 유지하는 일이 그리 만만한 일은 아니다. 자칫 잘못 관리하면 오히려 심지 않느니만 못하게 된다.

우리는 천천히 **잔디**밭을 가로 질러 별뫼홀로 간다. 별뫼홀은 레스토랑인데 전시실과 공연장의 기능을 함께 갖추고 있다. 한켠에 놓인 피아노는 이곳 안주인이, 벽에 걸린 사진작품들은 남편이 안배한 것이리라.

이곳에서도 통유리를 통해 바깥 정원의 잔디밭이 훤히 내다보인다. 이어서 옆 공간인 '갤러리 명지'로 간다. 갤러리는 남편의 사진 강습

실로도 사용된다.

명지원의 야생화는 잔디와 반송이다. 잔디가 무슨 야생화냐 반문할지 모르지만 잔디만큼 쓰임새가 다양하고 너른 공간을 경제적으로 관리할 수 있는 야생화도 흔치 않다. 일단 정원에 잔디를 심어 관리하겠다고 작정했으면 요령을 잘 알고 이행해야 한다. 그렇지 않을 경우 잔디밭이 잡초밭으로 변하는 일은 그리 오래 걸리지 않는다.

한편, 잔디밭에 반송을 심으면 궁합이 잘 맞는다. 잔디가 늦가을부터 누렇게 변하면 황량한 풍경이 되는데 이 때 상록수인 반송이 군데군데 서있으면 늘 푸른 장면을 보이게 되므로 최소한으로 시원한 경관을 유지할 수 있기 때문이다.

반송

반송은 적송 계통의 한 변종이다. 일명 다복솔이라고도 하는데 수고는 10m 내외로, 지면에서부터 여러 개의 가지가 갈라져 자란다. 종자에 의해 번식되는 비율은 극히 낮아 주로 접목으로 생산한다. 일반 소나무에 비하여 희귀하고 값이 비싼 나무이다. 안정감이 있고 포근한 느낌이 들어 예부터 선비들이 많이 심어 즐겨왔고 문인들이 칭송해 왔다.

잔디

잔디는 화본과에 속하는 다년생 초종으로 약 7,500종이 있으나 이 중 30여 종만이 실제 정원 등에 이용되고 있다. 잔디 선택에 있어서 무엇보다 중요한 것은 주어진 환경에 가장 잘 적응하고 월동도 잘 하는 종류를 선택하는 것이다.

정원에 잔디를 가꾸면 토양의 침식을 방지하고, 빗물을 일시적으로 보유하여 지하수를 보충하며 태양복사열의 분산, 햇빛의 반사율 감소, 유기화학물질의 분해, 대기오염 완화작용, 소음감소, 화재방재 등에 기여한다. 또한 저렴한 비용으로 토양을 포장하고 건강을 증진시키며 아름다운 경관을 제공한다.

아자방
경북 청도군 각북면 오산리

비안개 자욱한 비슬산 헐티재를 넘을 때만 해도 흐린 날씨에 마음이 쓰였으나 재너머 용천사 아랫동네에 있는 다강산방을 들렀다 나오니 해가 나기 시작한다. 산골에 햇살이 퍼지면 비안개는 빠르게 걷힌다. 이제는 오히려 비 온 뒤의 청량하고 맑은 대기가 산골을 덮고 있어 마음이 흡족하다.

청도천 상류의 개울을 건너기 전에 오른쪽으로 접어드니 바로 아자방(亞字房)이 나타난다. 아자방 문간 밖의 석등이 '어서 오시라' 한다. 아자방엔 돌이 많은데 이 석등도 '돌 전시물' 중의 하나다. 여기에 있는 돌들은 세 가지 종류가 있다. 석등과 돌확 등의 민속품은 입구와 잔디밭 주위에 서서 방문객에게 시대를 잊고 아자방에만 몰입하라 주문하고, 이어 나타나는 웅장한 자연석 물돌은 물에 패이고 연마된 모양을 드러내면서 자태를 뽐낸다. 바가지 형상의 제주 현무암 안에는 노란 수련이 피어 있고, 겉딱지에 붙어 있는 바위솔 등은 현무암과 잘 어우러진다.

·

잔디정원을 따라 전시되어 있는 민속품과 자연석 하나하나를 자세히 음미한다. 자연스럽게 풍화된 돌의 표면을 따라가면 마음이 평안해지고 현무암의 까맣고 거친 표면을 훑어보면 화산 폭발시의 역동적인 광경이 떠올라 고생대 훨씬 이전의 자연 상태가 연상된다. 그러고 보니

여기 있는 돌들은 하나하나가 다 매끄럽다.

소나무 동산 아래에는 작은 현무암을 세워 둘러치고 그 사이에 **돌단풍**을 심었다. 돌단풍은 깊은 계곡에 자생하는 야생화라는 생각이 들어선지 평지에 위치한 아자방에서 은근히 입체감이 느껴진다.

·

소나무 동산 뒤로는 작은 연못이 새로 조성되어 있다. 축대는 호박돌로 가지런히 쌓았고 연못 안에는 수련을 심었다. 연못 둘레에는 돌확과 해태상 등을 전시하고 연못 안 작은 섬에는

너른 자연석을 걸쳐놓아 건너다닐 수 있게 하
였다.

　연못 뒤 야트막한 동산에는 한 무리 소나
무들을 곧게 혹은 슬쩍 기울여 심어 운치를 돋
우었고, 소나무 앞에는 우람하고 잘 생긴 수중
석을 놓아 연못에 어울리는 옷을 입혔다.

·

연못 주변의 작은 동산을 돌다보니 길을 잃었
다. 대지가 넓지 않고 평활한데 무슨 길을 잃어
버리나 할지 모르지만 잔디정원 곳곳의 기관과

장치와 표정에 깊이 빠졌던 터이니 길을 잃었던
것은 분명하다. 또 다시 길을 잃기 전에 이제는
잠시 눈을 들고 주위를 둘러본다. 앞에 수려한
모습의 한옥이 다가온다.

·

아자방 안마당에도 각양각색의 수석과 괴석 그
리고 분화와 분경들이 깔끔하게 전시되어 있
다. 툇마루에 앉아 잠시 땀을 들이며 정원을 내
다본다. 주인 ㄱ씨가 옆에 와 앉는다. "참으로
고생 많이 하셨다. 근자에 들인 노력으로 더 격

돌단풍

범의귀과의 여러해살이풀. 잎이 단
풍같이 생기고 주로 돌 틈에서 생장
한다고 해서 붙여진 이름이다. 생명
력이 워낙 강해 뿌리를 잘라 땅에
놓기만 해도 살아나고 썩은 나무토
막에 철사로 고정시켜 물을 담은 접
시 위에 올려놓아도 왕성하게 번식
하여 하얀 꽃을 풍성하게 피운다.

조 있는 정원이 되었다. 정원 만들기의 끝이 어디지 모를 정도로 올 때마다 달라지는 모습에 경탄을 금치 못하겠다. 그런데 한 가지 아쉬운 점은 수석이나 분경 또는 부분적인 조원 전시장이 아닌 야생화 조원의 맛을 내는 데에는 미치지 못하고 있는 듯하다." 주인은 동의하면서 장차 조원 방향을 얘기한다. 기대되는 대목이다.

•

애기가 길어져 우리는 자리를 옮겨 건물 안으로 들어간다. 내부는 부분적으로 손을 대서 기능성을 보완하고 어느 정도 현대 감각에 맞게 수정을 하긴 했어도 전통적인 한옥의 맛을 내고 있다. ㄱ자 평면의 중앙에 대청을 두고 좌우로 방을 들여 모든 공간을 차실로 이용하고 있다.

•

ㄱ씨는 아자방을 이 지역의 문화적 명소로 가꾸기 위해 애써 온 그간의 여정을 피력한다. 듣고 보니 고충이 많았다. 인생이란 게 모두 그러니만큼 그저 동의하는 자체만으로 앞서가는 이들은 힘을 얻을 텐데, 까탈도 많고 째진 눈도 참 많다. 그냥 있는 그대로를 찬양하는 사람은 얼마나 아름다운가!

•

아자방에서 나와 큰 연못인 방지를 돌아본다. 네모진 모양의 연못은 움푹 들어가 있는데 수면은 대략 지면에서 3~4m 아래에 펼쳐진다. 이렇게 깊숙하게 판 이유는 방지의 둑 너머에서 흐르는 청도천의 물이 지하로 스며들어 늘 일정한 물을 공급하게 하고자 함이다. 방지 가장자리에 세운 정자에 오르면 수면까지의 고도차가 커서 마치 절벽에서 계곡을 내려다보는 듯 현기증이 난다. 수심도 깊어 맑은 연못 속에 핀 수련이 돌올해 보이고 널찍한 간격을 두고 동동 뜬 이파리들은 머리 깎은 동자승 얼굴처럼 해맑다. 경사지에 선 휜 소나무에서 늘어진 가지가 방지의 단조로움에 넌지시 변화를 주고 있다.

방지 가장자리에는 데크가 깔리고 간간이 탁자가 놓여 있다. 들차를 하는 장소인가 보다.

방지 둘레를 따라가다 언뜻 고개를 들어보니 먼 산허리에 걸쳐진 듯한 정자가 보인다. '위치 참 좋고, 운치 있게도 다듬었구나!' 하는 생각이 든다. 경사진 잔디밭 아래쪽엔 연못 위로 가지를 드리운 소나무가 엎드려서 연못 속의 금붕어를 바라보고, 정자 앞발치에선 분재형 **백매**가 간지러운 듯 배배 꼬고 있다.

백매는 져버린 지 오래되었건만 그 꽃잎 하르르 날리는 듯 보이는 것은 햇살에 눈이 부셔 그런가보다. 방지 언덕에 자라는 작거나 큰 무리의 야생화들을 다 볼라치면 여기서 신선놀음이라도 족히 해야 할 만큼 돌 틈과 나무 밑에 다양한 종류의 야생화들이 자라고 있다.

정자에 올라 좌우를 둘러본다. 나무계단을 내려와 작은 연못을 끼고 돌아 방지 한 귀퉁이에 선다. 오뚝하게 솟은 정자 뒤로는 먼 곳의 초록빛 산을 배경으로 나뭇가지에 살짝 가려진 아자방이 호젓하게 앉아 있다.

울타리를 겸하여 둘러친 **명자나무** 군락에 달려 있는 모과 닮은 열매는 툭툭 불거져 방지에 떨어지고, 소나무인지 벚나무인지 모를 우람하고 시커먼 줄기 하나가 방지 속에서 이무기처럼 물속을 헤쳐가고 있다.

아자방은 평지에 위치한 야생화 조원 전시장으로서 조원의 소재로 쓰이는 야생화, 나무, 돌, 물의 모양에는 어떤 것들이 있고, 각각은 어떤 자리에 어울리는지 견본을 만들어 전시해 놓은 곳이란 느낌이 강하다.

현무암에 붙인 야생화, 소나무 밑에 둘러친 돌과 나무들, 물돌을 가지고 연출하는 방법, 연못 만들기와 주위 가꾸기, 정자에서 보는 경관, 거대한 자연석의 종류 등에 대해 다양하게 표현해 놓았다. 이렇게 부분적인 표현들은 장차 어떤 공간에서 각각 제 역할을 다 함으로써 야생화 조원의 진수를 보여줄 것이다. 그 때에 차 한 잔을 하면 온전히 차의 신을 영접할 수 있을 것도 같다.

백매

명자나무

명자나무 열매

경주 요석궁
경북 경주시 교동

원효는 다소 상기된 마음으로 대문을 들어선다. 요석공주가 거처하는 집을 방문하는 일은 자신에게 아무런 걸림도 줄 수 없을 것이라고 믿었다. 그러나 막상 사랑채 대문간 오른쪽에 놓여 있는 석조에 **홍련**이 피어 있는 것을 보면서부터는 가슴이 불그스름하게 물들어가는 것을 느낀다.

인도에서는 연꽃을 '라지브'라 하는데 이는 '신(神)을 낳는 어머니'라는 뜻이다. 후일 요석공주가 설총을 낳은 점을 생각하면 여기에 연꽃을 놓아둔 일은 참으로 절묘한 배치다.

연꽃은 처렴상정(處染常淨)하다. 더러운 물에 살지만 그 더러움을 조금도 자신의 잎이나 꽃에 묻히지 않는다는 것이다. 이것은 마치 불자가 세상의 더러움에 물들지 않고 오직 부처님의 가르침을 받들어 아름다운 신행(信行)의 꽃을 피우는 것과 같고, 보살이 홀로 자신의 안락을 위하여 열반의 경지에 머물러 있지 않고 중생의 구제를 위하여 온갖 죄업과 더러움이 있는 세계로 뛰어드는 것을 의미한다. 그런가 하면 연꽃은 뿌리부터 줄기까지 텅 비어 있어 진공묘유(眞空妙有)를 보여준다.

원효가 요석궁 사랑채 대문의 연꽃을 지나치는 순간에 연꽃은 아무런 움직임도 없이 위와 같은 진언을 쏟아내고 있는 것이다.

원효는 신라 진평왕 39년(617)에 경북 경산군 자인면 지역의 불지촌에서 태어나 10살에 머리를 깎은 이후 이제 나이 40줄에 들었으니 불법은 물론이려니와 수행에도 자유로움을 느끼고 있었다. 그동안 전주 고대산에 주석

하고 있는 보덕화상에게서 〈열반경〉, 〈유마경〉 등을 수학하였고, 영취산 혁목암(지금의 통도사 산내암자)의 낭지화상에게서도 사사했으며, 당대 최고의 신승인 혜공화상에게서도 사사를 했던 터라 자부심도 대단하였다.

뿐만 아니라 분황사에 주석하면서 태종무열왕에게 자주 진언을 하는 위치에 있었으니 이제 비록 요석공주의 거실에 든다 해도 공주와 차 한 잔 하면 족할 일이지 공주의 투정에 마음이 심란해지거나 색즉공(色卽空)이 색즉만(色卽滿)으로 보이지는 않을 것이라 생각하였다. 한번은 공주가 그를 위해 승복과 모란꽃을 선물한 적도 있었으니 공주를 모르는 것도 아니었다. 그런가 하면, 백제와의 전투에서 전사한 공주의 남편과는 화랑의 일원으로 함께 전투에 참전하기도 하였으니 공주를 여인으로 받아들이지는 못할 일이라 여기고 있었다.

한편, 요석공주는 그게 아니었다. 남편 거진랑이 전사한 이래 접어놓았던 여성은 원효를 생각할 때마다 홍련의 아슴푸레한 붉은 빛으로 화해 그에게로 은은하게 날아가는 것이었다. 그러나 요조숙녀로서 이런 심사를 입 밖에 낼 수는 없는 일이었다.

태종무열왕도 이를 모르지 않았다. 근자에 요석공주가 심한 우울증에 걸려 있고 그 원인이 원효에 있다는 것을 알게 되었으나 어찌할 수 없는 일이었다. 잘못하면 나라의 왕사지재(王師之材)를 그르치게 할 수 있고, 공주나 자신도 세간의 입방아에 시달릴 일이기 때문이었다.

공주의 병은 깊어만 갔다. 이제 더 이상 방치했다간 그나마 한 치 남은 심지도 꺼지고 말 지경에 이르렀다. 왕에겐 대안이 없었다. 원효를 불러 국사를 논하면서 넌지시 의중을 물었으나 원효는 미동도 하지 않았다. 이러다간 요석궁 현판도 내려야 할 판이다. 어느 날, 담 밖에서 노랫소리가 들렸다. 목소리의 주인공은 원효였다.

·

誰許沒柯斧 수허몰가부
누가 자루 없는 도끼를 내게 빌려주려나
我斫支天柱 아작지천주
하늘을 떠받칠 기둥을 베어내리

·

사람들은 아무도 그 노래의 뜻을 알지 못했으나 태종무열왕은 노래의 의미를 알고 생각했다. "아마도 이 스님은 귀부인을 얻어 훌륭한 아들을 낳고자 하는구나. 나라에 큰 현인(賢人)이 있으면 그보다 더 좋을 수 있으랴."

태종무열왕은 노련한 정치가이다. 작은 나라로 삼국을 통일시킨 인물이 아닌가. 그에게 있어 '요석공주 살리기'는 그리 어려운 일이 아니었다. 원효도 그랬다.

원효의 공력은 삼일 만에 공주의 기력을 회복시켰다. 그는 처소인 분황사 무애당을 나와 소성거사라 자칭하고 지금까지와는 다른 태도를 보였다. 고려시대 문장가인 이규보 말대로 "머리 깎고 법복 입으면 원효이고, 머리 기르고 평복 차림이면 소성거사"다. 이렇게 다르게 보이는 것에 아무런 거리낌도 없었다. 법복과 평복의 두 모습이 다만 한마당 연극일 뿐이었다.

그리곤 문무왕 1년(661)에 후배 의상과 함께 당나라 유학길을 떠났다. 연꽃 만나고 가는 바람같이 요석공주를 떠난 것이다.

홍련

·

연꽃 만나고 가는 바람같이

서정주

섭섭하게,
그러나
아조 섭섭치는 말고
좀 섭섭한듯만 하게.

이별이게,
그러나
아주 영 이별은 말고
어디 내생에서라도
다시 만나기로 하는 이별이게,

연꽃 만나러 가는
바람 아니라

담쟁이덩굴

홑왕원추리

옥잠화

만나고 가는 바람 같이…

엊그제
만나고 가는 바람 아니라
한 두 철 전
만나고 가는 바람 같이…

•

원효가 착잡한 마음으로 걸어 들어갔을 사랑채에 이르는 길 좌측에는 나지막한 담장이 쳐져 있다. 담장 위에는 두텁고 싱싱한 **담쟁이덩굴** 이파리들이 햇빛을 받아 번쩍이면서 고개를 쳐들고 기세 좋게 뻗어간다.

덩굴 끝에 요령처럼 매달린 아주 작은 이파리들은 바람이 불 때마다 벽에 부딪혀 맑은 소리를 낸다. 저 덩굴에 허리를 묶고 가만가만 저들을 따라가면 공주를 볼 수 있을까, 원효를 들을 수 있을까, 설총의 글을 쓸 수 있을까. 가다보면 담쟁이덩굴의 이파리들은 뜨거운 햇빛을 받아 이내 노랗고 붉은 단풍으로 물들 것이고 덩달아 나도 색깔이 변할 것이다.

•

사랑채 앞 정원엔 누운 소나무들 여럿이 연못을 둘러싸고서 짙은 그림자를 물에 드리우고 있다. 연못 앞쪽에선 **홑왕원추리**들이 정원석을 감싸고 있고, 건너편 **옥잠화**들은 하얀 비녀를 꽂고 누군가를 기다리는 듯 함초롬하다.

홑왕원추리는 의남초(宜男草 : 아들을 낳게 해주는 풀)라 부르기도 하고 아들을 낳고 근심을 잊어 버렸다고 해서 망우초(忘憂草)라고도 부른다. 하기야 설총을 얻은 요석공주로서는 망우초만큼 덕을 베푸는 야생화를 보지 못했을 것이다.

옥잠화는 그다지 크지도 않고 잎이 넓어 차분하고 시원한 느낌을 준다. 꽃대 끝에 여러 송이의 꽃이 달리는데, 꽃대에서는 계속해서 꽃눈이 자라므로 초여름부터 늦여름까지 꽃을 볼 수 있다. 자라나는 꽃눈을 들여다보면 처음엔 마치 벌집의 애벌레같이 꼬물대다가 서서히 다듬이방망이같이 길쭉해지면서 끝이 통통해진다. 마침내 봉오리가 터지면 바람 따라 맑은 향이 후욱 퍼지고, 향기 따라 나온 꽃술은 혀를 날름거린다. 원효가 이를 보았으니 망정이지 못 보았다면 요석공주의 이불은 아직도 한기가 남아 있을 것이다.

•

사랑채 대문 안에 들어서는데 문득 건성으로 지나친 뒤쪽의 경관이 궁금하다. 대문 기둥에 기대고 밖을 내다보니 저 앞 장독대에 장독들이 오붓하다. 장독대는 장류가 담긴 독과 항아리 등을 놓아두는 곳이며, 독과 항아리는 용도에 따라 크기가 다르다. 가장 큰 독은 장독으로 쓰고, 중들이에는 된장·막장 등을 담아 두며 앞줄의 작은 항아리에는 고추장류, 장아찌류를 담는다.

요석공주가 친히 장독대에 오를 일은 없었
겠으나 굳이 사발을 들고 대문을 나가 장독대
에 오른 까닭은 서기 어린 햇살을 온전히 받아
마시면서 섬섬옥수로 떠낸 간장으로 반찬을 만
들어 그에게 올리는 일 만큼 이생에 태어난 보람
을 느끼는 일이 없기 때문이었다. '원효님이 오셨
으니, 그이를 위해 내 손수 정성을 들여 음식을
장만해야 한다.' 장독대를 오르내리는 횟수가 거
듭될수록 공주의 마음은 숙성되어 갔다.

·

원효는 사랑채를 통과하여 안채 대문간으로
향한다. 대문간에는 공주가 영접 나와 있다. 원
효는 목례를 할 뿐 아무런 말도 하지 않는다.
대기는 맑고 달콤한 옥잠화향으로 가득하고
밝고 명랑한 햇살은 그 향기를 일렁이게 한다.

마당을 가로질러 기단을 올라 댓돌에 신발
을 벗는다. 발을 들추고 대청에 좌정하여 사방을
둘러보니 간결하고 정결하여 맘이 흡족하다. 대
청은 넓고 천장도 높아 바람이 잘 통하고 공기순
환도 잘 이루어져 사람이 내뿜는 기가 승하여 뻗
칠 수 있게 생겼다. 마루에는 뒤주와 귀중품을
보관하는 궤짝이 놓여 있고 그 위에는 긴 가지에
잔잔한 꽃이 꽂혀 있는 화병이 놓여 있다. 마루
문 밖에는 이무기같이 생긴 누운 소나무 하나가
대청 안을 곁눈질하며 짐짓 딴청을 부린다.

·

우리는 사랑채를 나와 작은 옆문을 통해 뒤뜰
로 간다. 연못이 있고 말끔히 손질된 사랑채 앞
뜰과는 달리 뒤뜰은 손질되지 않은 많은 나무
들로 수선스럽다. 다만 몇 그루 누운 소나무가
위엄을 세우고 있고 **배롱나무** 서너 그루가 진
분홍색 꽃을 피워 산만함을 덜고 있다.

배롱나무는 백일홍나무, 목백일홍 등으로
도 불리는 중국 원산의 관목인데 우리나라에
선 오래전부터 집 뜰이나 절, 묘지 주변, 가로 등
에 관상용으로 많이 심어 왔다. 묘지 주변에 심
는 것은 조상의 유훈을 오래 기리라는 뜻이다.

요석궁의 배롱나무는 원효가 꽃피웠던 이
나라 문화를 설총이 대를 이어 크게 피어나게
했음을 깨우친다.

후일 원효가 경기도 동두천에 있는 소요산
자재암(自在庵)에서 수도하는 동안 요석공주
는 어린 설총을 데리고 자재암 가까이(현재 요
석궁 터로 알려진 곳)에 거처를 정하고 머무른
다. 요석공주는 하루도 거르지 않고 지금의 일
주문 근처로 설총을 데려와 원효가 수도하는
곳을 향해 세 번씩 절을 시키고 학업에 정진토
록 하는 인고의 나날을 보낸다. 또한 다음과
같은 자재암의 전설은 원효의 인간적인 면모와
득도 과정의 한 단면을 보여주고 있다.

·

**원효가 자재암에서 수도를 하던 어느 추
운 겨울날 한 여인이 찾아와 하룻밤 묵고**

배롱나무

갈 것을 청하자 원효는 따뜻한 방으로 들여 몸을 녹이게 한다. 잠시 후 여인이 가까이 다가오자 원효는 나무란다. 그때 그 여인은 "제가 스님을 유혹하는 것이 아니라 오히려 스님이 저를 색안(色眼)으로 보고 있지 않습니까?" 반문한다. 이 말을 들은 원효는 눈이 캄캄해지고 마음의 안정을 찾을 수 없다가 이윽고 정신을 차려 자신을 되돌아보니 주위 사물이 흔들림 없이 맑게 보였다. 원효는 "나는 이제 깨달았다." 하면서 여인을 바라보니 여인은 더 이상 요염한 여자가 아니라 금빛 찬란한 후광을 띤 관음보살이 되어 밖으로 사라졌다.

•

이후 절 이름을 자재암이라고 고쳐 불렀는데, 이는 아무 거리낌 없이 마음과 뜻을 다스릴 수 있었다는 원효의 깨달음에서 비롯되었다 한다. 여기서 거리낌의 대상은 전설상의 어느 낯선 여인(관음보살)이 아니라 요석공주였을지 모른다.

요석궁의 야생화들은 흔하면서도 상징성이 강한 식물들로 채워져 있다. 야생화들은 사랑채 대문을 들어서면서부터 요석공주의 마음을 대변하거나 원효의 심사를 대신 풀어낸다.

지금은 한정식집으로 운영 중인 요석궁 안채에서 점심식사를 하는 내내 정한(情恨)의 손길을 느끼지 않을 수 없었다.

제4장

별서정원

담쟁이덩굴은 지금상춘등(地錦常春藤) 또는 돌담에 이어 자란다는 뜻
으로 낙석(洛石)이라고도 한다. 줄기에서 잎과 마주하면서 돋아나는 공
기뿌리의 끝이 작은 빨판처럼 생겨서 아무 곳에나 착 달라붙는 편리한
구조를 가지고 있다. 조선조의 선비들은 담쟁이덩굴이 다른 물체에 붙
어서 자라는 것을 보고 비열한 식물로 비하하여 '빼어나기가 송백(松
柏)과 같고 깨끗하기가 빙옥(氷玉)과 같은 자는 반드시 군자이고 등나
무나 담쟁이같이 빌붙기를 잘 하는 이는 반드시 소인일 것'이라 하였
다. 그러나 한편으로 끈기 있게 뻗어가고 높은 곳까지 담대하게 올라가
는 모습에서 꼿꼿한 선비의 일생이 그려지기도 한다.

영양 서석지
경북 영양군 입암면 연당리

한국의 정원은 중국, 일본의 정원에 비해 보잘 것없다 하는 이들이 있다. 그러나 일본의 정갈하게 정리된 정원이나 중국의 대규모 정원 안에 들어가면 자연과 인간이 따로 노는 듯한 느낌을 갖게 되는 반면, 우리의 정원 안에서는 사람이 자연과 같이 호흡하는 느낌을 받는다. 예술에 빗대자면 일본 정원은 그림이고 중국 정원은 연극이요, 한국의 정원은 시(詩)에 가깝다. 이제 한국의 숨결을 느낄 수 있는 하나의 시를 찾아 길을 떠난다.

•

서석지(瑞石池)로 가는 길은 호젓하다. 일월산 동쪽 용화동에서 발원하여 흘러 내려온 반변천과 서쪽에서 발원한 청계천이 만나는 합수머리인 남이포에 이르러 청계천 적벽이 보이는 방죽 위에 올라선다.

적벽은 남이포의 잔물결에 흔들리고 입암(선바위)은 산에서 떨어져 나와 홀로 외롭다. 본래 입암은 남이포의 적벽에 붙어 있었다는 말이 내려온다. 그랬던 것이 조선 세조 때 남이(南怡)장군이 이곳 운룡지(雲龍池)에 살고 있던 용의 아들인 아룡과 자룡의 역모를 토벌한 후, 청계천의 물길을 돌려야만 다시는 반란을 꾀하는 무리가 나오지 않는다고 판단하여 높이 솟은 석벽을 한 칼에 내리쳐 떼어 내니 석벽 일부가 저만치 떨어져 나가 입암이 되었고 이내 물길이 돌려졌다 한다. 전설이 호방하다.

•

계곡물을 끼고 돌자 자양산 남쪽 기슭에 위치한 연당리가 나온다. 마을 한 가운데 움푹 들어간 곳을 중심으로 좌우 둔덕에는 고가들이 빙둘러 섰다.

작은 계곡의 한가운데 있는 서석지 전경이 보일 즈음에 저 앞 담 너머에선 400살이 넘은 은행나무 한 그루가 큰 키로 굽어보며 먼저 아는 체를 한다.

서석지는 광해, 인조 연간에 성균관 진사를 지낸 석문 정영방(石門 鄭榮邦)이 37세인 1613년에 만든 정원이다. 석문은 29세에 진사에 합격하였으나 광해군이 즉위 후 실정을 거듭하므로 벼슬을 단념하고 내려와 평생을 학문 연구로 일관하며 이곳에서 기거하였다.

석문이 살았던 16세기 중엽으로부터 17세기 중엽에 이르는 근 100년은 국내외로 다난했던 시기였다. 안으로는 반세기에 걸친 사화 후 당쟁이 시작되고 동서의 분당과 남북의 분파가 대립하며 광해의 폭정과 인조반정, 이괄의 난 등을 겪었다. 밖으로는 임진왜란을 비롯하여 정유재란, 정묘호란 등 남과 북으로부터의 외침이 쉴 사이 없이 계속되던 시기였다. 사림들은 정치에 뜻을 버리고 산림에 숨어 학문과 교육에 힘쓰는 경향이 두드러지고 학문 경향도 철학적 사색과 이론적 체계를 세우는 것을 중심으로 하게 되었다.

석문도 이에서 벗어나지 못했다. 그리하여

연당리에 칩거한 석문은 서편 못가에 4간 대청
과 2간의 온돌방이 있는 경정을 세우고, 경정
뒤편에 수직사 두 동을 부설해서 연당(蓮塘)
생활에 불편이 없도록 하고 은인자중하였던
것이다.

·

서석지의 대문은 길에서 보아 직각으로 몸을
틀어 남향으로 앉혔다. 이곳을 만들었던 석문
공 정영방이 인적이 드문 곳에 숨어 지낸다[藏
於人迹芉到之處장어인적간도지처] 하더니 대
문을 내는 방법조차 일거에 밖에서 안이 보이
지 않도록 배비하여 드러나지 않도록 하고 있
다.

우리가 이곳을 방문했을 때에는 대문 자리
만 남아 있어 퇴락한 모습에 쓸쓸하더니 지금
은 대문을 새로 지어 놓아 훨씬 안정감 있어 보
인다 한다.

·

대문 안으로 들어서니 오른쪽 앞에는 경정(敬
亭)이란 정자가 묵직하게 앉아 그 아래 연지를
내려다보고 있다. 경정 마루에 오르면 좌측으
로 주일재(主一齋)란 서재가 차분하게 앉아 그
앞 연지 쪽의 사우단을 보고 있고, 사우단 아래
의 연지에 솟아 있는 너럭바위는 바둑판처럼 갈
라져 그 사이에 돌출된 돌들이 규칙적으로 배열

되어 있다. 이 돌들이 서석(瑞石)이다.

석문이 서석지에 담을 둘러치고 별서정원
으로 구획을 짓기 전까지 이 계곡은 마을 안을
흐르는 냇가였다. 이곳의 조성 과정은 소쇄원
과 비슷한데 마을의 공용부지를 개인 정원에
귀속시킨다는 것은 당시의 시대적, 사회적 배
경이 아니었으면 감당키 어려웠으리라.

경정에 올라 난간에 서서 서석지 일대를 휘
둘러보니 우러나오는 정취가 예사롭지 않다.
연지엔 녹색의 연잎이 가득한데 사이사이에 솟
은 홍련이 은은한 분홍빛을 뿌리고, 연지 저쪽
에선 올망졸망 솟아오른 희끗희끗한 서석들이
연꽃 밭의 단조로움을 깨고 있다. 시 한 수가
절로 나오게 생겼다.

연꽃

·

瑞石池 石 서석지 석

정영방

內文而外素 내문이외소
돌은 안으로 문기(文氣)가 있고 밖으로는 희다
藏於人迹芉到之處 장어인적간도지처
인적이 드문 곳에 숨어 있으니
如淑人靜女 여숙인정녀
정숙하고 깨끗한 여인의 정조와
操貞潔而自保 조정이자보
깨끗함으로 자신을 지킴과 같다

敬亭

매화

소나무

국화

又如世君子 우여세군자

또는 세상을 피해 숨어 사는 군자와 같고

蘊德義而不出 온덕의이불출

덕과 의를 쌓으며 밖으로 돌아다니지 않아

其中所存 기중소존

중심에 존재하여

的然有可貴之實 적연유가귀지실

저절로 귀함과 실속이 있다

可不謂之瑞乎 가불위지서호

가히 상서롭다 일컫지 않겠는가

或有嫌其非眞玉者 혹유혐기비진옥자

혹 그것이 옥이 아님을 의심하는 자가

있을 것이나

此則大不然 차즉대불연

이는 결코 그렇지 않다

若果玉也則 약과옥야즉

만약 나무 열매가 옥이라 한다면

吾其可得而有諸 오기가득이유제

나는 그것을 가히 얻어 모두 가지고

있을 터인즉

有之而能不爲奇禍者乎 유지이능불위기화자호

그것을 가지고 있음으로 해서 화가

될 것이다

至如似玉而非玉者 지여사옥이비옥자

옥 같은 것은 옥이 아닌 것과 같아

徒竊美名而不適於用 도절미명이불적어용

옥의 아름다운 이름만 훔치는 것은

옳지 않다

反不拙者之守其純愚而 반불졸자지수기순우이

반대로 순수하고 어리석음을 지켜

無欺世盜名之害也 무기세도명지해야

세상을 속이고 그 이름을 훔친다 하더라도

돌은 세상을 해함이 없다

又安足 爲瑞乎 우안족 위서호

못 속에 편안히 둘 수 있으니

상서롭지 않은가

天生白玉址 천생백옥지

하늘은 흰 옥 달을 만들고

地獻靑銅鑑 지헌청동감

땅은 청동 거울을 바친다

止水澹無波方 지수담무파방

물이 멈추어 담담하고 사방으로

물결이 없으니

能該寂感 능해적감

적막한 감을 능히 갖추었구나

·

석문은 이 시에서 자신의 위치를 재확인하고 서석의 덕에 자신을 비추어 은일한 처세의 당위성을 토로하고 있다. 서석은 세상을 해함이 없이 못 속에서 편안하니 상서롭다 하고, 연지의 물결이 일지 않으니 적막한 세상에 고요히 앉아 있는 것과 같다면서 자신의 안으로 파고들어 신선의 경지에 발을 내딛고 있다.

•

서석지는 보길도의 부용정, 담양의 소쇄원과 더불어 한국 민가의 3대 별서정원으로 꼽힐 만큼 아름다운 곳이다. 경정에서 보아 좌측에는 세 칸 맞배집에 온돌이 두 칸, 마루가 한 칸인 서재를 들인 후 주일재라 하고 마루에는 '운루헌(雲樓軒)'이라고 쓴 편액(扁額)을 걸었다.

연못의 사벽(四壁)은 막돌 석축이며 주일재 아래 연못가에는 ㄷ자형의 화단을 연못 안으로 내어 쌓아 **매송국죽**(梅松菊竹)을 심고 사우단(四友壇)이라 이름하였다. 사군자의 매란국죽(梅蘭菊竹)에서 난초 대신에 소나무를 심은 까닭은 난초가 이 지역에서 노지월동이 되지 않기 때문이다.

•

사우단 한켠, 주일재 서하헌에서 바라보면 오른쪽에 가지를 경정 쪽으로 늘어뜨린 소나무가 서있다. 대칭되는 반대쪽엔 대나무가 서있어 두 나무가 마주 보며 송죽의 덕을 칭송한다. 석문이 소나무와 대나무를 기리는 태도는 사계 김장생의 자세와 흡사하다.

•

대나무를 심어서 울타리를 삼고 소나무를

가꾸니,
그것이 바로 정자가 되는구나.
흰 구름이 덮인 곳에 내가 살고 있다는 걸
그 뉘가 알 수 있겠는가?
다만 뜰 가의 학이 오락가락 하는데,
그것만이 내 벗이로다!

•

송죽 위에 구름이 일다니? 이렇게 낮은 곳에 무슨 구름이 드리운단 말인가? 그러나, 보라! 사계의 눈엔 소나무 위에 걸린 하늘의 구름이 낮게 내려와 송죽 위에 걸린 듯 보이지 않는가! 그보다는 구름을 끌어 당겨 송죽 위에 걸쳐 놓았다는 표현이 더 맞겠다. 세속을 떠난다는 것이 이러한 것인가. 그러니 그 눈 속을 누가 볼 수 있으랴! 소나무와 대나무만으로 된 소박한 자연 속에 살고 있으면서 세속을 떠나는 일은 이렇듯 꿈 같이 달콤하다. 저들은 은일군자(隱逸君子)의 모습을 보지 못한다.

소나무가 비바람에도 굴하지 않고 몇 백 년 동안 푸름을 간직하고 있다는 것은 인간의 신성이 번뇌나 망상에 의해 퇴색되지 않음을 나타내는 것이다. 옛 고승은 소나무를 부처님으로 보고 솔바람 소리를 부처님의 설법으로 들으면서 이렇게 읊었다.

•

늙은 소나무 반야를 이야기하고 중생을 제

대나무

목단

원추리

도하는 설법을 불어댄다
비에 젖은 소나무, 바람 부는 소나무 모두
선(禪)을 설하고
시냇물 소리, 솔바람 소리 전부 법을 설하네

•

이렇게 법을 전하는 식물이 어디 소나무뿐이
랴. 대나무, 국화는 말할 것도 없으려니와 등골
나물, 이질풀, 씀바귀, 구절초, 동의나물, 노루
오줌 등 야생화나 풀들 모두가 다 법언을 전하
지 않던가! 자연이 내리는 축복은 늘 들을 줄
아는 이에게 돌아가는 법이다.

•

지세를 살피고 외부에서 보는 서석지의 모습을
확인하기 위해 담을 끼고 한 바퀴를 돈다. 담
밖에서 건물 안을 보니 연지와 서석이 가려져
그런지 구조적인 모습과 담벽의 황토빛 색깔만
눈에 가득 들어온다.

•

서석지의 야생화는 단출하다. 연지의 연꽃과 그
주변의 **목단**, 담쟁이덩굴, **원추리** 등이 고작이
다. 그러나 사우단의 매송국죽은 여타 야생화
들의 덕목을 그 안에 용해시킴으로서 수적으로
부족한 것을 극복하고 있다.

선암서원

경북 청도군 금천면 신지리

2004년 11월 전국을 무대로 각종 문화재를 훔쳐 온 일당이 경찰에 붙잡혔다. 장물 중에는 〈예부운략(禮部韻略, 보물 917호)〉 목판도 포함돼 있었다. 〈예부운략〉은 시나 운문을 지을 때 운율을 찾기 위한 사전으로 조선시대 과거 응시자들의 필독서였다. 2002년 도난 당시 이 목판은 밀양 박씨 선암문중의 선암서원에 있었다. 지금 이 목판은 안동 도산서원 부근에 위치한 한국국학진흥원 장판각 안으로 옮겨져 '안전하게' 보관돼 있다.

•

위 도난사건은 필자가 과거에 머물렀던 청도를 떠나 온 직후에 생긴 불상사였다. 이제 다시 청도 땅을 밟고 선암서원(仙巖書院)과 만화정, 운강고택 등을 돌아보게 되니 자못 감개가 서린다.

선암서원의 대문을 열자 전에 살던 관리인은 이사를 갔고, 아무도 살지 않는 안방이며 곳간은 온통 버려진 물건들이 어지러이 널려 있다. 선암서원은 위 도난사건 이후 관리가 부실해졌다. 지키고 관리해야 할 보물이 이젠 없으니 자연스럽게 관심이 떨어진 것은 당연하다 하겠으나, 여기서 지켜야 할 것이 꼭 국보로 지정된 문화재만은 아니지 않은가. 옛사람의 숨결이 깃들어 있어 아직도 훌륭한 말씀을 전하고 있는 서원 건물과 동창천 쪽으로 나가는 작은 쪽문, 그 옆에 크게 자라는 배롱나무, 자목련 등도 정성스럽게 관리해야 하는 것을…

•

서원은 대체로 세속을 벗어나 공부에만 전념할 수 있는 경치 좋고 한적한 곳, 절터 또는 퇴락한 사찰이 있던 곳, 배향하는 선현의 연고지 등에 세워졌다. 선암서원 역시 서원 앞의 소요대(逍遙臺), 강 건너편의 주도(珠島)와 어성산(御城山), 어성산 왼쪽의 깎아지른 절벽 봉황애(鳳凰崖)가 마을을 맴돌아 나가는 금천과 어우러져 빼어난 경관을 연출한 곳에 위치해 있다.

선암서원은 소요당 박하담(逍遙堂 朴河淡)과 그의 평생 친구인 삼족당 김대유(三足堂 金大有)를 향사하는 서원이다. 매전, 금천 지역의 대표적인 유학자인 소요당과 삼족당에 대한 향사는 선조 1년(1568)부터 매전면 동산동 운수정(雲樹亭)에서 받들다가 선조 10년(1577) 이곳으로 사우(祠宇)를 옮기고 이름을 선암서원이라 하였다. 숙종 2년(1676)에 다시 지었으나, 고종 5년(1868) 흥선대원군의 서원철폐령으로 훼철되었다. 지금의 건물들은 고종 15년(1878)에 소요당의 후손들이 다시 지은 것이다.

•

雲門九曲歌 운문구곡가

소요당

天闢雲門地毓靈 천벽운문지육령

하늘이 운문 열어 땅이 더욱 신령하니
箇中山水自然淸 개중산수자연청
이 중에 산수가 자연스레 맑아라
逍遙 尋眞境 소요 심진경
지팡이 짚고 쏘다니며 진경을 찾아
歌和武夷曲曲聲 가화무이곡곡성
무이도가 굽이굽이 소리로 화답하네

一曲淸流一葉船 일곡청류일엽선
일곡이라 맑은 물에 조각배 띄우니
源頭知有若耶川 원두지유약야천
원두에 약야천이 있음을 알겠어라
溯 古渡茫然立 소 고도망연립
옛 나룻터 거슬러 올라 망연히 서니
巖出雲端鳥叫烟 암출운단조규연
바위는 구름 끝에 솟고 새는 안개 속에 우네
(하략)

·

선암서원은 안채와 득월정(得月亭), 행랑채가
ㄷ자형을 이루고 그 뒤쪽으로 선암서당이 있다.
선암서당은 정면 5칸, 측면 2칸 규모이며 가운데
3칸은 대청마루고 그 양쪽으로는 방을 들였다.

·

서당 마루에선 아직도 글 읽는 소리가 낭랑하
게 들리는 듯하다. 정원 왼쪽의 기와 얹은 황토

막돌담 앞 자목련은 막 꽃봉오리를 펼치려 하고
배롱나무는 이파리를 내밀려고 용을 쓰고 있다.

자목련의 꽃말은 '숭고한 정신'인데, 이에
관련된 전설이 꽃말을 뒷받침한다. 옛날, 옥
황상제에게는 아름다운 공주가 있었다. 그런
데 공주는 옥황상제의 뜻과 많은 젊은이의 청
을 거절하고 오직 북쪽 바다를 지키는 북해신
(北海神)의 사나이다운 모습에 반해 밤낮 북
쪽 바다 끝만 바라보았다. 어느 날 공주는 궁
을 빠져 나와 북해신을 찾아간다. 그러나 찾아
간 북해신에게는 부인이 있었다. 이룰 수 없는
사랑에 괴로워 한 공주는 바다에 몸을 던진다.
뒤늦게 이 사실을 알게 된 북해신은 공주를 땅
에 묻는 한편, 공주의 외로움을 덜어주려고 자
기 아내에게 잠자는 약을 먹여 같이 묻는다. 이
를 내려다 본 옥황상제는 가엾은 두 여인의 무
덤에서 꽃이 피어나게 하였는데 공주의 무덤
에서는 흰 목련이, 부인의 무덤에서는 자목련
이 피었다. 그런데 아직도 다하지 못한 미련 때
문인지 공주의 무덤가에 핀 백목련은 항상 멀리
바다의 신이 살고 있는 북쪽 하늘을 향하고 있다.
북향화(北向花)란 이름은 그렇게 해서 생겼고,
전설에 북해신이 등장하는 연유이기도 하다.

·

자목련

고 은

자목련

목련과에 속하는 소교목. 꽃은 적자
색이며 목련보다 늦은 4~5월에 피
고 잎이 피기 전부터 장기간에 걸쳐
꽃이 계속해서 피기 때문에 눈에 잘
띈다. 중국이 원산지이고 50종 이
상의 원예품종이 있으며, 한국에서
는 작은 품종이 재배되고 있다.
목련이 햇빛 반대 방향으로 꽃을 피
우는 이유는 옥신(Auxin)이라는 생
장호르몬이 다른 꽃들과 달리 햇빛
을 받는 쪽에 더 많고 안 받는 북쪽
이 적기 때문이다.

애기똥풀

애기똥풀은 줄기 마디가 길어 '까치다리'라고도 하고 씨아똥, 백굴채라는 속명을 갖고 있다. 줄기는 가지가 많이 갈라지고 속이 비어 있으며 키가 크다. 분처럼 흰색을 띤 줄기를 자르면 나오는 귤색의 젖 같은 액즙이 마치 애기똥 같은 색깔이다. 애기똥풀의 학명은 첼리도니움(Chelidonium)으로 Chelidon이 제비를 뜻한다. 고대 그리스 신화를 보면, 눈에 이물질이 끼어 눈을 뜨지 못한 채 태어난 아기 제비가 있어 어미 제비가 애기똥풀의 줄기를 입으로 꺾어 거기서 나오는 유액으로 눈을 씻어 주니 눈을 떴다 한다. 애기똥풀은 겉보기에 순해 보이지만 실상은 독초이다. 줄기를 잘라 나오는 분비물을 조제하여 부스럼이나 습진 같은 피부질환 치료에 쓰고 위궤양, 간장, 진통, 위암, 진해 등에 약재로 쓴다.

자우룩 피는 노을
봄 하늘을 뒤덮어

불길같이 타오르는
절박한 이 순간에도

사월은
무너져내려
눈길마저 질식한다

찬란한 꿈을 꾸다
이제 막 깨어나서

정열의 몸짓으로
산고 마저 잊었어라

그래도
옷자락 가득
뚝뚝 뜯는 저 선혈

·

백목련이 파란 하늘에 흰 모시적삼을 펼쳐 놓을 때 자목련은 장중한 붉은 빛 한복을 가지마다 걸쳐 놓는다. 정열은 한 때, 시절이 지나면 빛만 바래는 것이 아니라 후두둑 꽃잎도 진다. 이러한 자목련의 붉은 정열을 감당하기가 부담스러워 실내로 눈을 돌린다. 서당 마루에는 소요당이란 현판이 걸려 있고, 대청마루 천장은 내

포를 짜 화려하게 반자를 꾸몄다.

언뜻 대청마루 좌우측에 들인 방 앞의 작은 회랑에 도포자락이 어른거린다. 어깨는 작아 보이지만 꼿꼿하다. 스적스적 걷던 그는 이내 방문 고리를 잡아 열고 방으로 든다. 문이 닫힌다. 방 안으로 든 그는 강론에 목이 말랐는지, 습관인지 차 한 잔을 한다. 조용히 차를 마신 후 서당 대청마루를 내려서서 자목련과 배롱나무 그늘을 지나 동창천으로 나가는 쪽문을 연다.

·

쪽문 밖에는 노란 **애기똥풀**이 지천인데 꽃밭 중간에 거북등같이 갈라진 연륜을 입은 높은 소나무 몇 그루가 높다랗게 서서 하늘을 가리고 있다. 그는 꽃밭 사이로 난 산책길을 따라 입암으로 내려간다.

서원 밖을 한 바퀴 돈 뒤 강에 이르는 오솔길을 따라 소요하다 입암에 오른다. 발아래 푸른 물은 깊어 용연을 이루었고 강 건너 주도엔 소나무 빛이 거뭇하다. 햇살은 밝고 맑은데 상류 쪽으로 푸드득 날아가는 물새 울음소리가 강변에 울린다. 이에 한 소리 화답한다.

·

옛 나룻터 거슬러 올라 망연히 서니
(溯古渡茫然立)
바위는 구름 끝에 솟고 새는 안개 속에
운다.(巖出雲端鳥叫烟)

임대정원림

전남 화순군 남면 사평리

‘정원’이란 일본인들이 명치시대에 만들어 낸 단어로 도심 속의 주택에서 인위적인 조경 작업을 가하여 만들어진 공간을 말한다. 우리에게는 이와 대조적인 명칭으로 고려시대 때부터 사용한 ‘원림(園林)’이라는 용어가 있다. 동산과 숲의 자연 상태를 그대로 조경으로 삼으면서 적절한 위치에 집과 정자를 배치한 것이다(〈나의 문화유산답사기〉 참고). 현재 이러한 원림이라는 명칭을 사용한 곳은 임대정 외에 장흥의 부춘정 원림, 담양의 독수정원림, 명옥헌원림, 소쇄원 등이 있다.

춘천 청평사의 문수원원림은 지금까지 밝혀진 것 중에서 가장 오래된 조경 공간이다. 조선시대에 이르러 우리의 정원은 주변 자연경관을 그대로 살려 만든 모습으로 나타난다. 규모를 중시해 일부러 거대하게 파거나 쌓아 만든 중국의 정원이나, 축소지향으로 돌을 작게 다듬거나 나무를 구부려 인위적으로 만든 일본의 정원과는 달리 우리의 원림은 매우 인간적이고 자연친화적인 모습이다.

한국 사람은 자연을 거스르거나 훼손하면서 정원을 꾸미지 않는다. 동산이나 계곡, 하찮은 길이라도 생긴 그대로 이용하고 한 모퉁이에 건축물을 세워 자연 풍광을 한층 빛나게 하고 자연과 건축물이 하나가 되게 한다. 자연을 지배하기보다는 자연과의 조화를 끊임없이 꾀하고 자연을 거스르기보다는 자연에 순응하는 자연관이 그대로 담겨져 있다.

고유섭은 한국 정원의 미를 ‘무위자연의 미,

방일의 미, 겸아의 미를 통하여 얻어진 아름다움’이라 하였다. 또한 윤장섭은 생활과 체험을 통하여 잠재하게 된 ‘내면적인 적조미(寂照美)’를 들고 있으며 신영훈, 김동현은 우리나라 정원의 특색이 순천주의(順天主義)에 있어 자연을 사랑하고 숭배하는 심성에서 출발한 것이라 했다.

•

화순군 남면에 이르러 사평천을 따라 거슬러 올라가니 나지막한 언덕 위에 숲으로 반쯤 가려진 정자가 보인다. 임대정(臨對亭)이다. 정자 아래로는 두 개의 아담한 연못이 있고 연못 주위로 벚나무, 수양버들, 배롱나무, 느티나무가 원림을 이룬다. 가까이에 흐르는 사평천과 동쪽에 솟아 있는 봉정산 가운데 위치한 원림은 자연 그대로의 경치를 내보이면서 활동에 필요한 시설을 갖추고 있다.

길가의 질경이, 소리쟁이, 씀바귀, **쑥부쟁이**, 강아지풀, **수크령** 등은 한 발을 내딛을 때마다 두 손으로 받쳐 들고 따라온다. 연못 안의 연꽃도, 정자를 에워싸고 있는 나무들도 경관을 바꾸면서 따라온다. 그런가 하면 원림 주변 민가의 용마루 위에 걸린 구름은 무심히 바람따라 제 갈 길을 간다.

•

임대정원림은 조선 철종 때 병조참판을 지낸 사

애 민주현 선생이 1862년 전남 화순 천여 평의 부지에 임대정이라는 정자를 짓고 연못을 조성한 공간을 가리킨다. 이곳은 그전부터 풍광이 수려해서 선조 때의 문인인 고반 남언기가 초정을 세우고 수륜대라 이름하여 일생을 자연과 벗하며 살았다. 그 후 황폐되었던 것을 사애 선생이 3칸 팔작지붕의 정자를 건립하고 주변을 다듬어 임대정이라 명명한 것이다. 이곳은 한말 우국지사들이 드나들며 민족의 앞날을 걱정하며 교류하던 곳이기도 하다.

'임대정'이란 이름은 봉정산에서 흘러내리는 물이 사평천과 합쳐지는 곳에 정자가 위치하였다 하여 '아침 내내 물가에서 여산을 대한다[終朝臨水對廬山종조임수대여산]'는 중국 송나라 주돈이의 시구를 따서 지은 것이다.

•

바위 언덕 위의 임대정을 바라보면서 사평리 마을로 들어가는 길은 한가롭다. 마을 초입에서 왼쪽으로 비스듬히 난 길을 따라 오르니 금세 정자가 있는 언덕에 닿는다.

•

정자는 평탄한 마당이 끝나고 벼랑이 시작되는 지점에 지어졌는데, 키 큰 나무들의 가지가 지붕 위에 걸려 있다. 건물의 기둥과 툇마루는 지은 지 150년이 지난 지금도 단아한 모습을 잃지 않았다. 툇마루에 앉아 정자 앞의 비교적 너른 마당을 내다보니 마당 앞쪽에 작은 방지(方池)가 조성되어 있다. 방지에는 물이 말라 잡초만 우거졌다. 사애는 한 때 방지를 수반처럼, 중도를 석부작처럼 즐겨 보았을 것이니 방지에는 한대 수련 한 송이가 잘도 피어 있었을 것이다.

•

방지 뒤편에는 대나무숲이 소쇄한 분위기를 돋우고 있다. 정자에서는 멀리 사평천과 그 너머 광활한 평야가 보이고 절벽 아래에는 두 개의 큰 연못이 나뭇가지에 걸려 부분적으로만 보인다.

옛사람이 가고 난 원림에는 추억만 남아 있다.

•

정자에서 시 한 수를 읊다가 그도 지루해지면 연밭에 산책을 나간다. 정자 앞 벼랑에는 좁은 길이 비스듬히 아래로 나 연밭으로 이어졌다. 언뜻 보니 정자 앞 방지의 물은 벼랑에 걸쳐 있는 나무홈통을 따라 아래 연못으로 소리를 내면서 떨어지게 되어 있다. 정자 아래 연못은 상하 두 곳인데, 위쪽의 연못은 길게 늘어진 형태로 가운데에 두 개의 섬이 있다.

550평 정도 되는 아래 연못은 위쪽 연못에 비해 너르다. 주위에는 큰 **배롱나무** 세 그루가 자라고 있어 한여름이면 장관을 이룬다.

쑥부쟁이

수크령

배롱나무 꽃

정진규

어머니 무덤을 천묘하였다 살 들어낸 어
머니의 뼈를 처음 보았다 송구스러워 무
덤 곁에 심었던 배롱나무 한 그루 지금
꽃들이 한창이다 붉은 때 울음, 꽃을 빼
고 나면 배롱나무는 골격만 남는다 촉루
라고 금방 쓸 수도 있고 말할 수도 있다
너무 단단하게 말랐다 흰 뼈들 힘에 부쳐
툭툭 불거졌다 꽃으로 저승을 한껏 내보
인다 한창 울고 있다 어머니, 몇 만리를
그렇게 맨발로 걸어 오셨다

아래 연못에는 연밭이 조성되어 있다. 정자 이
름도 주돈이의 시구에서 따올 정도이니 주돈이
의 수필 〈애련설〉에 물들었을 터. 만사 제치고
연꽃 밭을 조성하였을 것이다. 주돈이의 정서에
공감하며 연꽃 속에서 속세 위의 삶을 보고 또
영위하고자 하였을 것이다.
　한여름에 활짝 핀 이 연못의 연꽃 향은 주
돈이 때문에라도 더 짙다.

벼랑길을 내려와 연밭 샛길을 지나 대로로 나
온다. 뒤돌아보니 잠시지만 정이 들었나 보다.
벼랑 위의 정자가 가슴에 안기는 걸 보니.

　임대정원림은 자연스러운 맛이 훼손되지
않은 채 전통적인 원림의 특징을 그대로 담고
있다. 그간 사람들의 관심과 보살핌이 이러한
경관을 유지케 했을 것이다. 그 사람들이란 대
를 이어 원림의 풍광을 잘 이해하는 이들이다.

·

愛蓮說 애련설

주돈이

水陸草木之花 수륙초목지화

물이나 뭍에서 나는 풀과 나무의 꽃 가운데

可愛者甚蕃 가애자심번

사랑할만한 것이 매우 많으나

晉陶淵明獨愛菊 진도연명독애국

진나라의 도연명은 홀로 국화를

사랑하였고,

自李唐來 자이당래

이씨의 당나라 이래로

世人甚愛牡丹 세인심애목단

세상 사람들이 모란을 매우 사랑하였다

予獨愛 여독애

나는 홀로 연을 사랑하는데,

蓮之出於泥而不染 연지출어니이불염

214

배롱나무

연꽃

연은 진흙에서 나왔으면서도 물들지
않았으며,
濯淸漣而不妖 탁청련이불요
맑은 물결에 씻기어도 요염하지 아니하고,
中通外直 중통외직
속은 확 트이고 겉은 꼿꼿하며,
不蔓不枝 불만불지
남에 의지해 넝쿨지지도 않고 가지치지도
아니하였고

香遠益淸 향원익청
향기가 있기는 하되 멀수록 더욱 맑고,
亭亭淨植 정정정식
우뚝우뚝 깨끗하게 심겨 있어서
可遠觀 가원관
멀리 바라보기는 하여도
而不可褻玩焉 이불가설완언
마구잡이로 어루만질 수는 없다

予謂 여위
나는 이르나니
菊花之隱逸者也 국화지은일자야
국화가 꽃의 은일자라 한다면,
牡丹花之富貴者也 목단화지부귀자야
모란은 꽃 가운데 부귀한 자요,
蓮花之君子者也 련화지군자자야
연은 꽃 가운데 군자일 것이다
噫 菊之愛 희 국지애
아! 국화를 사랑함은

陶後 鮮有聞 도후 선유문
도연명 이후 별로 들은바 없고,
蓮之愛 연지애
연꽃을 사랑함은
同予者 何人 동여자 하인
나와 더불어 누가 있을까?

牡丹之愛 목단지애
모란꽃을 사랑함은
宜乎衆矣 의호중의
마땅히 많을 것이다

명옥헌원림

전남 담양군 고서면 산덕리

광주댐 상류의 자미탄을 따라 내려오면서 소쇄원, 식영정, 환벽당, 독수정, 풍암정, 취가정 등 정자를 돌아본 후 댐 아래쪽에 위치한 명옥헌으로 간다. 가사문학에 나오는 귀절들을 흥얼거리며 논길을 지나 야산을 넘고 산 아래 동네를 지난다. 길 좌우에는 온통 초록물이 들었다. 뜨거운 한여름에 보이는 경관의 색깔이 붉지 않고 왕성한 녹색인 것은 참으로 다행한 일이다. 인조대왕계마비라는 큰 석비를 이정표 삼아 후산리 마을로 들어가 마을 뒤편의 명옥헌에 들어선다.

명옥헌원림(鳴玉軒苑林)은 정자와 주위 경관을 그대로 살린 조선시대의 대표적인 민간 정원으로 소쇄원과 함께 쌍벽을 이룬다. 1,300평 정도 되는 뜰에 아담한 정자와 깨끗한 시냇물, 그리 크지 않는 연못, 연못가의 왕버들나무와 노송, 그리고 연못과 정자를 둘러싸고 있는 스물여덟 그루의 배롱나무가 조화를 이루어 아늑한 분위기를 자아내는 곳이다.

·

이른 봄, 정자 앞 경사지에서는 동백꽃이 목숨 내놓고 피는 바람에 산뜻한 매화는 그저 불그스름하게 죄송스러운 낯빛을 띠고 있더니 한여름인 지금 명옥헌엔 **배롱나무꽃**이 한창이다.

연못 앞에서 명옥헌 전체를 조망하니 녹색 이불 위에 불꽃을 수놓고 그 속에 정자를 불태우고 있는 듯하다. 연못 오른쪽, 정자로 이르는 길에는 짙은 녹색 옷을 입고 선 소나무들이 도열하여 배롱나무 꽃밭의 단조로움을 슬쩍 깨고 있다. 한여름엔 화려한 배롱나무꽃 때문에 소나무의 기척이 드러나지 않지만 겨울이 오면 배롱나무는 나목이 되고 소나무의 솔잎은 홀로 푸르러 오히려 돋보일 것이다.

·

천천히 연못가를 돌아 왕버들이 늘어선 길을 가면서 연못 건너편을 보니 두 채의 허름한 집이 보인다. 통창이 보이는 저 집은 시인 황지우가 몇 년을 기거하던 곳이다. 그는 명옥헌을 자기 안뜰 삼아 시혼을 다듬고 사계절 변화를 체감하였다. 그만큼 시인은 명옥헌을 좋아하였다.

회화적 감각이 탁월한 황지우는 8월의 명옥헌 정원에서 공(空)과 색(色)이 하나인 '화엄의 세계'를 본다. '색의 세계', 즉 화산 폭발처럼 뿜어내는 배롱나무꽃 앞에서 소주를 몸에 붓고 같이 활활 타오른다. 또 타오르다 자신의 생을 송두리째 바꿔 버리고 싶은 '공의 세계'에 도달하여 결국 이곳에서 1980년 광주의 노여움을 치유하는 〈화엄 광주〉를 쓰고 정원을 떠났다(〈월간 사람과 산〉에서 인용).

·

물 빠진 연못

황지우

다섯 그루의 노송과 스물여덟 그루의 紫薇나무가
나의 화엄 연못, 지상에 붙들고 있네

이제는 아름다운 것, 보는 것도 지겹지만
화산재처럼 떨어지는 자미꽃들,
내 발등에 남기고
공중에 뜬 나의 화엄 연못, 이륙하려 하네

가장자리를 밝혀 중심을 비추던
그 따갑게 환한 그곳; 세상으로부터 잊혀진
中心樹, 폭발을 마치고
난분분한 붉은 재들 흩뿌리는데
나는 이 우주 잔치가 어지러워서
연못가에 眞露 들고 쓰러져버렸네

하, 이럴 때 그것이 찾아왔다면
하하하 웃으면서 죽어줄 수 있었을 텐데
깨어나 보니 진물 난 눈에
다섯 그루의 노송과 스물여덟 그루의
자미나무가
나의 연못을 떠나버렸네

한때는 하늘을 종횡무진 갈고 다니며
구름 뜯어먹던 물고기들의
사라진 水面;
물 빠진 연못, 내 비참한 바닥,
금이 쩍쩍 난 진흙 우에
소주병 놓여 있네

배롱나무

연못 가장자리에는 줄풀과 사초과 식물들이 빙 둘러서서 싱그럽고, 물속엔 수초들의 줄기와 뿌리들이 이리저리 엉켜 있다. 산들바람이 불자 섬세하고 정연한 물주름이 연못 위에 겹겹이 일고 있다. 물 위에는 어젯밤 사이에 배롱나무에서 떨어진 붉은 꽃잎과 오래 되어 갈변한 꽃잎이 물결 따라 출렁거린다.

참으로 평화롭고 자연스러운 모습이다. 원림의 절창이라는 소쇄원은 암반계곡의 너럭바위와 큰 낙차가 있는 계곡의 아름다움과 광풍각, 제월당 두 개의 정자가 주는 안정감과 세련미, 그리고 오래된 황톳빛이 주는 안온한 느낌이 살갑게 느껴지기는 해도 닫힌 공간에 만든 작품이라는 의식이 들어 공간이 주는 반향을 제한적으로 받아들이게 된다. 반면, 명옥헌은 탁 트였으나 그렇다고 방만하지 않고 집중하게 하며 연못의 잔잔한 물결로 마음을 어루만지는가 하면 배롱나무 붉은 꽃으로 미친 듯이 몰입하게 한다. 편안하고 자유로운 느낌을 갖게 하는 듯하지만 한편으로는 잠시도 이 경관에서 눈을 떼지 못하게도 한다.

이렇듯 명옥헌은 묘한 구도를 지니고 있어 산책하는 내내 선문답을 한다. 나를 이 지경으로 끌고 들어가는 원림을 만든 이는 과연 어떤 인물일까 궁금해진다.

명옥헌을 꾸민 사람은 이정 오명중(以井 吳以井)으로 아버지 명곡 오희도(明谷 吳希道)를 추모하며 명옥헌을 짓고 아래, 위 두 곳에 연못을 팠으며 연못과 정자 주변에 배롱나무를 심었다. 그의 나이 34세 때의 일이다. 젊은이의 착상치고는 매우 노회하고 바라보는 시야가 원려(遠慮)하다.

그는 아버지 명곡이 살던 도장곡(道藏谷)에 정자를 짓고 이를 명옥헌이라 이름 하였으며 스스로 호를 장계(藏溪)라 하였다. 후일 사람들이 명옥헌을 장계정(藏溪亭)이라고도 하는 연유가 여기에서 비롯된다. 한편, 명옥헌 뒤편에 도장사(道藏祠)라는 사당이 있어 명옥헌을 도장정(道藏亭)이라고도 부른다.

•

지당에 비가 내린다. 배롱나무 줄기는 비를 맞아 더 단단하고 울퉁불퉁해 보인다. 연못에 떨어지는 물방울은 그렇잖아도 잔잔하던 연못을 더욱 한적하고 여유로운 정경으로 다시 그린다.

저만치 물 가운데에는 원도(圓島)가 떠있는데, 원도에 이르는 수면 위에는 물풀들이 녹색의 기치를 가지런히 들고 있다. 연못의 모양은 방지원도형(方池圓島型 : 네모 난 연못 가운데에 둥그런 섬을 조성)이다. 방지는 동서 너비 약 20m, 남북 길이 약 40m의 규모이다. 네모 난 연못은 땅 즉 음(陰)을, 연못 속의 둥근 섬은 하늘 즉 양(陽)을 상징한다.

개구리밥

맥문동

추위에 강건한 식물로 야생화 조원에 매우 긴요한 소재다. 나무 밑과 같은 그늘에서 잘 자라는 식물이고 이파리의 외양이 풀과도 비슷해 자연스러운 경관을 연출한다. 잔잔한 보라색 꽃이 피면 풋풋함을 덜어주고 가을이면 검자줏빛 열매로 풍요로움을 선사한다.

장마철이 지나면 수온이 올라가 연못은 **개구리밥** 천지가 된다. 개구리밥은 가을에 물 위에 있던 잎에서 만들어진 겨울눈이 물 속에 가라앉았다가 다음해 봄, 물 위로 떠올라 번식한다. 줄기 없이 둥그런 한 장의 잎이 나는데, 물 속에 잠겨 있는 쪽은 자주색이고 공기와 접해 있는 쪽은 초록색이다. 한방에서는 식물 전체를 햇빛에 말려 부평(浮萍)이라 하고 해열, 이뇨, 코피 등의 치료에 쓰며 화상에도 이용한다.

사람들은 덧없는 삶을 표현할 때 흔히 부평초(浮萍草)라 한다. 대다수의 식물들은 한번 뿌리를 내리면 평생 그 곳에서 살아가고 사람들도 한 곳에 뿌리를 내리고 살고 싶어 하나 삶은 그리 만만치가 않다.

명옥헌 배롱나무의 붉은 꽃잎이 물 위를 떠다니거나 연못을 가득 덮은 개구리밥이 이리저리 몰려다니는 것은 단명한 명곡, 이정 부자의 혼령이 떠다니는 것은 아닌지 모르겠다.

·

연못을 지나 정자로 오른다. 약간 경사진 터에 세운 정자 주위에도 배롱나무가 가득하다. 큰 배롱나무 가지 아래로 몇 발자국 걸으면 작은 윗못에 이른다. 작은 연못가의 길에도 배롱나무 꽃잎은 선혈처럼 점점이 떨어져 있고 나무 그늘로 어둑한 연못 안에도 붉은 꽃잎은 석창포 이파리에 늘러 붙어 있다.

윗못 주변은 동서 16m, 남북 11m 크기인데 오랫동안 계류에 떠내려 온 토사로 인해 매몰되었다가 1979년 여름에 조사, 발굴되었다. 작은 윗못 가운데에도 큰 바위 하나가 섬처럼 놓여 있어 역시 원도를 구성하고, 남에서 북으로 흐르는 계류의 물이 윗못으로 흘러 든 후 그 물이 다시 아래 연못으로 흘러들게 되어 있다. 이 물이 흐르면서 내는 소리가 옥이 부딪히는 소리 같다고 하여 울릴 명(鳴), 구슬 옥(玉), 추녀 헌(軒) 즉, '구슬 같은 맑은 물소리가 들리는 정자'라는 뜻의 명옥헌이 된 것이다. 자연이 내는 작은 소리도 잘 듣고 구현하면 이와 같이 훌륭한 원림이 탄생되는 것이다.

이 개울물이 아래로 흐르면서 그 소리가 점점 크게 들리는 이유는 바닥이 암반으로 되어 있고 작은 낙차가 연이어 나타나기 때문이다. 이 인공의 물길은 그저 단순한 물의 통로가 아니라 물이 돌을 걸치고 떨어지며 또는 돌아 흐르면서 소리가 커지도록 만든 것이다. 일종의 실로폰이다.

하기야 이런 정도의 계류라면 이 나라 금수강산에 얼마든지 널려 있다. 그러나 이 소리를 간과하지 않고 '아버지를 추억하는 정자 정원'을 제대로 만든 이는 또 없다.

·

윗못을 돌아 다시 정자로 내려간다. 뒷동산에서 내려다본 정자는 왼쪽에 있는 오래된 느티나무 그늘에 가려져서 그런지 앞쪽에서 볼 때

와는 달리 납작하다. 사방에는 풀들이 우거져
있는데, 여느 정원처럼 잔디로 깔끔하게 덮여
있다면 원림의 맛이 훨씬 덜할 것이다. 다만 경
사지에 흔하거나 유난스럽지 않은 원추리, 옥
잠화가 한 무리 있었다면 정자에서 내다보는
맛이 더 좋지 않을까 한다.

북서향으로 앉은 정자는 정면 3칸, 측면 2
칸이며 사방이 마루이고 가운데에 방이 있는
중앙실형(中央室形)이다. 마루 높이가 다른
정자보다 높은 편이다. 방에는 구들을 놓아 겨
울에도 이용할 수 있게 하였는데, 정자 옆으로
세워 놓은 작은 굴뚝에선 토속적인 맛이 난다.

정자 앞 경사지에는 풀과 맥문동이 너르게
펼쳐져 있고 한켠에는 꽃창포 한 무리가 서있다.

명옥헌 마루에 걸터앉으면 바로 아래 꽃대
궐에 싸인 연못이 보이고 그 너머 후산 마을로
이어지는 길이 보인다. 왼쪽 왕버들 너머로는
너른 들판이 펼쳐지고 오른쪽으로는 마을 뒷
산이 막아섰다. 명옥헌원림 자체는 작은 규모
이지만 주변의 경관이 한 눈에 들어오는 까닭
에 정원이 커 보이고 담이나 울타리가 없어 거
침없어 보인다. 이른바 차경(借景)이라는 조원
기법이 적용되어 있는 것이다.

·

일행을 마중 나온 김씨가 보자기를 풀고 차를
낸다. 더운 날씨임에도 따뜻한 물로 차를 우리
니 구수하고 풋풋한 냄새가 정자를 감싼다. 찻

잔을 들어 고개를 살짝 젖히고 차를 마시니 눈
에는 배롱나무의 붉은 새가 날아들고 목구멍
으론 장계(藏溪)가 흐른다.

김씨의 딸이 청에 못 이겨 남도창을 할 때
바람이 건듯 불어 배롱나무 꽃잎이 흩날린다.
듣고 있던 명곡, 이정 부자가 흥에 겨워 춤사위
를 춘다. 나도 어깨를 들썩인다.

소쇄원

전남 담양군 남면 지곡리

"뭔가를 희구하다 보면 때로 고귀한 정신을 얻는다. 봉황이 나타나기를 염원하면서 기다리면 적어도 학은 날아온다." 소쇄옹 양산보(瀟灑翁 梁山甫)는 습관대로 오늘 아침에도 원림을 산책하다 대봉대(待鳳臺)에 앉아 계곡 아랫자락을 따라 이어진 좁은 길을 내려다보며 중얼거린다.

•

소쇄원(瀟灑園)은 담양군 까치봉 자락에 자리한 원림(苑林)이다. 원림이란 한국적인 특색, 즉 자연 경관을 그대로 살려 담아낸 정원인데 소쇄원은 이러한 우리나라의 원림을 대표하는 곳이다. 도로변에서 약 150m 정도 떨어져 있는 소쇄원에 이르는 진입로는 울창한 대나무 숲길이어서 죽향이 가득하고 대나무 줄기와 잎이 그리는 선에 운치가 있다.

소쇄원에는 부분적으로 담이 쌓여져 있다. 이 담의 안쪽을 내원, 바깥쪽을 외원이라 구분한다. 작고 아기자기한 계곡을 끼고 있는 내원은 이 계곡을 손상시키지 않고 그대로 살려 조원하였다. 계곡 너머로 광풍각(光風閣)이라는 누각이 있고, 그 뒤로 제월당(霽月堂)이 있다. 예전에는 건물도 10여 채가 있었다고 하는데 지금은 이 두 채의 누각과 정자 하나만 남았다. 이렇듯 예전의 모습을 잃고 크게 축소되어 있지만, 소쇄원의 풍미는 여전하여 부드러우면서도 정형미를 갖추고 있다.

•

좁은 길이 짙은 대숲에 묻혀 어둑한데 간혹 아침바람에 흔들리는 댓잎 사이를 뚫고 들어오는 밝은 햇살이 보일라 치면 누군가 올라오는 게 아닌가 하여 버릇처럼 눈초리가 살짝 올라간다. 이른 아침이라 누가 올 기색이 있는 것도 아닌데 오늘 따라 누군가가 기다려지는 것은 짙은 안개 때문인가.

대봉대를 비롯한 10여 채의 시설들을 앞히고 소쇄원 원림을 만든 지도 어언 15년이 흘렀다. 그간 봉황이 나타나기를 고대하고 또 고대했으나 과연 그 봉황이 언제 올 것인지, 아니면 왔다 갔는데 눈치를 못 챘는지 아무튼 참으로 많은 이들이 다녀가긴 했다.

처음에 이곳에 발을 디딜 때만 하더라도 봉황은 돌아가신 스승 정암 조광조(靜庵 趙光祖)였다. 정암은 비록 기묘사화(己卯士禍)를 당해 목숨을 잃긴 하였으나 소쇄옹이 믿기로는 언젠가 필히 살아 돌아올 것이었다. 그 때란 정암의 이상향이 세워지는 순간이고 그리되면 '아침 햇살이 고운 어느날 내 이 소쇄원을 번쩍 들어 스승이 세운 나라의 입구에 내다 놓으리라' 하였다.

•

대봉대 아래 계곡의 물안개는 계곡 밖으로 피어오르면서 신기루같이 흩어지고 작은 폭포에서 내리는 물은 하얗게 반짝이며 먼 옛날을 비춘다. 그해 기묘사화로 정암이 귀양을 가게 되자 소쇄옹은 유배지인 전남 능주까지 따라가며 스승을 모셨고, 그해 겨울 정암이 사약을 받을 때엔 차마 필설로 다하지 못할 피울음을 토했었다. 그때까지 소쇄옹은 비록 현량과에 급제는 하였으나 17세 약관이라 벼슬길에 나아가지는 못했었다. 경륜이 익기도 전에 스승의 시신을 거두어 장례를 지내야 하는, 그리하여 스승이 가르쳐 준 사상과 철학을 씻은 듯이 잊고 백치가 되어야 하는 기구한 운명을 맞으며 '다시는 이 세상을 안 보리라' 했다.

·

소쇄옹은 그 때의 정경이 떠올라 비감해지려 하는 자신을 누르며 애써 시선을 계곡으로 옮긴다. 급경사를 타고 내리는 물은 흰 포말을 이루며 큰 계곡을 만나 이끼 가득 피어난 바위 사이를 흐른다. 바위 중간에는 석창포 한 무리가 발을 계류에 담그고 있다.

석창포는 사시사철 늘 푸르고 산골 계곡의 깨끗한 물이 흐르는 돌 틈이나 습기가 있는 계곡 또는 냇가에서 자란다. 추위에 약해 중북부 지방에서는 봄부터 여름까지는 견딜 수 있지만 혹독한 겨울에는 그만 얼어 죽는다. 지금은 지구 온난화 현상으로 석창포 자생지가 충청도 지역까지 올라와 있다.

석창포의 꽃은 4~6월 사이에 잎과 비슷한

초록색 꽃줄기가 나와서 끝에 양초심지 같은 붓 모양의 옅은 노란색 꽃이삭이 육수꽃차례로 달린다. 창포의 꽃이삭은 굵고 짧지만 석창포의 꽃이삭은 가늘고 좀 더 길다. 잎은 뿌리에서 바로 올라와 칼 모양의 선형으로 자란다. 뿌리를 캐보면 그 모양이 늙은 닭발이거나 지네 모양을 하고 있다.

·

검푸른 빛을 띤 계곡 한 가운데에는 등불이 걸린 듯 붉고 환한 기운이 돈다. 초점을 맞춰 보니 원추리 몇이 돌올하게 서서 꽃을 피우고 있다. **홑왕원추리**는 원추리보다는 몸집이 크고, 노란 바탕에 속심에는 붓으로 칠한 듯한 붉은 무늬가 나있다. 꽃잎이 겹으로 핀 것은 왕원추리라 한다.

·

이제 날이 어지간히 밝았다. 안개도 점차 걷혀 아침햇살이 밝고 싱그럽다. 소쇄옹은 대봉대에서 일어나 아래 연못을 잠시 둘러본다. 못가에는 가지런하게 자라는 **맥문동**이 보랏빛 꽃을 한껏 피우고 있다.

요즘 들어 꿈자리도 사납고 몸이 무거우며 얕은 기침이 자주 난다. 이제 늙어가나 보다. 중국의 본초서 〈신농본초경〉을 본 적이 있는데, 맥문동을 오래 복용하면 몸이 가벼워지고

홑왕원추리

맥문동

백합과의 여러해살이풀인 맥문동은 짧고 굵은 근경에 가늘고 긴 수염뿌리가 나고, 뿌리 곳곳에는 작은 괴근이 달린다. 한약재로써도 자주 이용되는 좋은 야생화다.

장수할 수 있으며 양식이 떨어지더라도 굶주림을 느끼지 않는다고 하였다. 또한 맥문동을 신선의 음식, 신선의 약재로 여겨 장복하면 효과를 볼 것이라 하므로 아침저녁으로 맥문동을 달여 먹긴 하나 그래도 영 개운치가 않다.

•

계곡 건너편에 광풍각이 보인다. 서른넷이던가, 본격적으로 소쇄원을 경영하리라 마음먹고 이 광풍각부터 지을 작정을 하였다. 다행히 선친 양사원이 남긴 유산이 있어 재원을 확보할 수 있었다. 돌이켜 보면 선친의 가르침은 맑고도 우뚝하여 기묘사화를 당해 갈피를 못 잡고 있을 때에 내려오라 하신 뜻은 결국 피로 얼룩진 아수라장에서 나와 신선도(神仙道)를 가라 하신 것이 아니겠는가. 그 때 받은 지엄한 사랑은 평생을 두고 시시때때로 울컥 선혈처럼 솟구친다.

소쇄원을 지을 때에 도움을 준 이들이 많다. 이조참판과 대사헌을 지낸 이종사촌형 면앙정 송순은 본인이 정자를 지을 때의 경험을 수시로 얘기해 주어 조화로운 설계를 할 수 있었고, 인종의 스승을 지낸 사돈 하서 김인후는 이곳에서 침식을 같이 할 정도로 깊은 애정을 가지고 늘 곁에 있어 주었다. 하서는 소쇄원의 여기저기서 느낀 감회를 시로 적어 〈소쇄원 48영〉을 노래하기도 하였다. 정이 깊은 사람이다.

소쇄원은 30대에 짓기 시작하여 40대에 완성했으니 그간 고초는 이루 말할 수 없이 큰 것이었으나 한편으로 기쁜 일도 많았다. 원림을 완성한 후에 면앙정, 하서 등의 의견을 듣고 소쇄원이라 이름을 붙였다. 소쇄(瀟灑)는 본래 공덕장(孔德璋)의 '북산이문(北山移文)'에 나오는 말로 '깨끗하고 시원함'을 뜻하는데, 이를 인용하여 원림의 이름으로 쓰고 내친 김에 호를 소쇄옹이라 하였다.

여기 광풍각(光風閣)이란 정자 이름도 '비 갠 뒤 해 뜰 때 부는 청량한 바람'이란 뜻으로 송나라 때 주무숙의 인물됨을 표현한 말에서 따온 이름이다. 손님을 위한 사랑방 구실을 하는 정자로, 여기 계곡 건너편에서 바라보는 느낌은 광풍각에 앉았을 때의 느낌과 사뭇 다르다.

•

소쇄옹은 아래 연못에서 길로 올라와 다시 대봉대를 지나 담을 끼고 오른다. 긴 토석기와담이 이어지는 중에 빛바라기가 제일 좋은 애양단에서 잠시 뒷짐을 지고 허리를 한번 편다. 이 토석담을 쌓을 때 참으로 많은 공을 들였다. 여기 흙은 빛깔이 밝지 않아 인근 산에서 나는 발간 흙을 실어와 막돌에 섞어 쌓았는데, 처음에는 인부들이 숙달되어 있지 않던 터라 몇 번을 허물고 고쳐 쌓은 뒤에야 지금과 같은 자연스럽고도 단정한 모습을 갖추게 되었다. 그러나

골짜기에 이르러 토석기와담을 이어 가는 것이 문제가 되었다. 간단하기로는 골짜기를 건너 뛰어 쌓는 것이지만 그렇게 되면 터진 담 사이로 내원에서의 활동이 훤히 들여다보이게 되니 신경이 쓰인다. 그래서 얕은 골짜기에 넓적한 바위를 걸쳐 다리를 놓은 후 그 위에 담을 쌓아 올렸다. 이로써 내외가 구별이 되었으며 다리 아래로 흐르는 물은 암반으로 된 계곡을 흐르면서 다섯 번을 굽이쳐 돌아 오곡문이라 이름 붙였다.

하서는 오곡문 앞 소나무 둔덕에 앉기를 즐겨 하였다. 소나무 뿌리에 걸터 앉아 계류를 바라보면 한 세월 시름이 씻기는 듯했고, 계류 아래서 위로 올라오는 맑고 시원한 바람을 맞으면 한 여름에도 상쾌하기 그지없었다.

•

松石天成 송석천성

하늘이 이룬 솔과 돌

片石來崇岡 편석내숭강

높은 산에서 굴러온 한 조각돌에

結根松數尺 결근송수척

두어 자의 솔이 뿌리가 서려있네

萬年花滿身 만년화만신

만년이라 온 몸에 꽃이 피고

歲縮參天碧 세축참천벽

하늘 솟은 그 기세 더욱 푸르네

소쇄옹은 오곡문 앞에 서서 내원을 내려다본다. 아래로 흐르는 계곡물소리가 들리는 가운데 광풍각과 제월당이 중심에 서있고 그 뒷산으로 이어진 화계가 정연하다. 봄이면 **산수유**, 매화꽃이 만발하여 건물 지붕을 덮고 겨울이면 하얀 눈꽃이 별세계를 만든다. 이젠 소쇄원의 봄, 여름, 가을, 겨울이 다 갖추어졌다.

소쇄옹은 천천히 걸음을 옮겨 제월당으로 간다. 제월당은 정면 3칸, 측면 1칸의 팔각지붕 건물이다. 왼쪽에 방이 한 칸 있고, 나머지 두 칸은 마루로 트였으며 마루 뒷벽에 활짝 열 수 있는 문이 달려 있다. 이 마루에서 보면 광풍각 지붕 너머로 앞산이 바라다 보인다.

이른 봄, 햇살 가득 달려드는 제월당 마루에 앉아 산수유 꽃망울이 톡톡 터지는 뜰을 내려다보면 가신 님에게는 이 즐거움을 선사해드리지 못해 서운하고 자신에게는 이것이 다는 아닌데 여기서 머물러야 한다는 것이 또한 못내 섭섭해진다.

소쇄원이야 기왕에 다 지었으니 앞으로는 조금씩 보완하여 미적으로 승화시켜 나아가면 부족함이 없을 터이고, 생애에 이를 운영하면서 벗과 더불어 즐거웠으니 더 이상 바랄 것은 없다. 그런데, 바람 따라 스며드는 이 헛헛한 마음은 어디서 오는 걸까.

소쇄옹은 댓돌로 내려가 신을 신고 돌축대를 쌓아 평지로 만든 뜰을 서성거린다. 허리춤에 올라오는 돌축대에는 검푸른 **마삭줄**이 서로 얼크러져 계딱지처럼 돌에 찰싹 붙어 있다. 그동안 많이도 자랐다. 약명으로 락석(絡石 : 돌을 이어주는 풀)이라 하는 연유를 알 만하다.

마삭줄은 주변에 많이 자라는 상록만경식물로 늦은 봄에 그다지 볼 품 없는 백색이나 황색의 꽃을 피운다. 제월당 주변에 꽃을 심지 않고 굳이 이렇게 흔하고도 평범한 마삭줄을 심은 이유는 늘 변함없고 끈질기며 가을 단풍 색깔이 곱기 때문이다. 스승 정암의 정치생명이 이 마삭줄처럼 끈질기게 이어졌더라면 붉고 선명한 단풍을 볼 수 있었을 터이다.

제월당 대문을 나선 소쇄옹은 광풍각 뒷담으로 삼면이 막힌 골목에서 아득한 현기증을 느낀다. 광풍각의정면 담과 주위의 키 큰 나무들은 짙은 그늘을 둘러쳤고 땅과 사면에 보이는 색깔은 황토빛 일색이어서 앞뒤 구분이 가질 않는다. 도대체 앞으로 나아가는 길이 없을 것 같아 막막하기 그지없다. 본인이 조원을 하였음에도 이어지는 길이 보이지 않는다. 전에 없던 일이다. 이젠 기력이 쇠진해졌나보다. 다만 앞길에 서있는 배롱나무 한 무더기에서 나오는 붉은 빛을 의지해서 발걸음을 옮길 따름이다.

광풍각 뒷담을 따라 이어진 계단을 내려간다. 무릎이 흔들거린다. 그리고 보니 살아오면서 다리품을 참 많이도 팔았다. 소시에는 한양

산수유

3월에 피는 샛노란 꽃은 봄소식을 가장 먼저 알리는 전령사이다. 또한 가을에는 빨간 산수유가 단풍을 대신하여 아름다운 경관을 자아내니 사랑하지 않을 수 없다. 식재관리도 용이하여 특별히 건조하지만 않으면 기름진 땅이나 척박한 땅, 어느 곳이나 가리지 않고 잘 자라기 때문에 도시의 정원수나 공원수로도 적합하다.
열매는 한방에서 간장과 신장의 기능을 강화하고 원기회복 등의 강장효과를 높이는 약재로 이용되고 있으며 독특한 향기와 단맛을 지니고 있어 차나 술을 담가 마시기도 한다.

마삭줄

황매

습기가 있는 곳에서 잘 자라는 높이
2m 내외의 여러해살이나무다. 꽃
은 봄에 황색으로 잎과 같이 피고
가지 끝에 달린다.

을 오가면서 희망의 다리품을 팔았고 기묘사
화 이후엔 소쇄원을 짓기 위한 예비지식을 갖
추려 원근의 정자로 견학을 다녔으며, 막상 소
쇄원을 지을 때엔 원내를 기천 번은 돌았을 것
이다. 제월당에 좌정한 이후엔 벗들을 맞아 봉
황을 찾으려 돌고 또 돌았으니 이제 다리가 후
들거린다고 해서 무리는 아니다.

•

소쇄옹은 계단을 다 내려와 광풍각으로 바로
들어가지 않고 멀찌감치 떨어진 곳으로 가서 한
눈에 광풍각의 전경을 바라본다. 저 멀리엔 마
을 뒷산이 병풍처럼 둘러쳐져 있고 담장 밖의
마을은 소쇄원이 있거나 말거나 뒷짐을 지고
고즈넉하게 앉아 있다. 제월당은 바로 뒤에 서
있긴 하나 높은 담으로 막혀 있어 별세계인 듯
하고 광풍각 아래로는 계곡의 물소리가 명랑하
게 흐른다. 풍광이 끌끔하다.

천천히 광풍각으로 다가간다. 정자 안의 창
문은 뒷벽만 제외하고 삼면의 창을 다 들어 열
어놓았다. 방 안에 들어가 앉기 전부터 소쇄한
바람이 가슴을 훑고 지나간다. 정자 뒤의 경사
지에 소담하게 모여 있던 **황매**가 일동 목례를
한다.

•

광풍각 안으로 들어 좌정하여 계곡 상류 쪽을

바라보는데 꽤 오랫동안 가뭄이 계속되었는지
라 계곡에선 물소리가 들리지 않는다. 소쇄옹
은 계곡 아래로 내려가 사정을 둘러본다. 역시
물이 흐르지 않고 있다. 기다리는 마음에 상류
쪽을 바라보다가 광풍각을 올려다본다. 절벽에
지은 제비집 같다.

소쇄옹은 광풍각에 앉아 한 나절을 소요한다.

그리고 이때를 지나 3년 후에 소쇄옹은 별
세한다.

운림산방

전남 진도군 의신면 사천리

해남의 풍광을 돌아본 후 진도대교를 건너 진도로 들어간다. 1984년 준공된 길이 484m의 사장교인 진도대교 한복판에 서서 바다를 내려다보니 물살은 빠르고 바닷물은 여기저기서 용솟음치고 있다. 1597년 9월 16일 정유재란 당시 이순신 장군이 12척의 군선으로 왜선 133척을 격파한 명량대첩이 이곳 울돌목 조류를 활용해 얻은 승리였다. 불끈불끈 솟아오르는 웅장한 물살 속에 장군의 비장한 자세와 호연지기가 겹쳐 떠올라 외경심이 든다.

다리를 건너니 진도다. 진도는 호남정맥 상에서 서남으로 뻗친 달마지맥이 서해에 이르러 침강한 결과 생긴 섬으로, 섬 안에는 5개 산군이 구릉성 산지를 형성하고 있다. 또한 섬의 사면은 리아스식 해안으로 수려한 경관을 나타낸다. 이렇듯 아름다운 산과 바다는 섬사람들의 삶 속에 녹아들어 예술적 감흥을 불러 일으켜 왔다. 진도에서 많은 예술인들이 배출되었고, 지리적으로 외부와 단절되다 보니 진도만의 독특한 문화예술이 형성되어 왔다. 그런 만큼 진도에 가면 세 가지만큼은 자랑하지 말라 했다. 글씨와 그림, 노래가 그것이다.

진도에서 가장 높은 첨찰산 자락에 이르니 아담한 쌍계사와 '한국 남화의 성지'라 불리는 운림산방이 넓게 자리 잡고 있다. 쌍계사는 통일신라 때 도선국사가 창건했다는 고찰인데, 절집 자체보다는 뒤편의 첨찰산 상록수림이 더 인상적이다. 동백나무, 후박나무, 감탕나무, 생달나무를 비롯해 50여 종의 상록수가 우거진

이 숲은 천연기념물 제107호로 지정됐을 정도로 생태적 가치가 큰 곳이다.

운림산방은 추사 김정희에게 본격적으로 그림수업을 받은 뒤 남종화(동양화는 남종화와 북종화로 나뉘는데, 남종화가 부드럽고 추상적인 반면 북종화는 직설적이고 현실적인 화풍)의 대가가 된 소치 허련(小痴 許鍊)이 만년에 거처하던 화실이다. 사방으로 수많은 봉우리가 어우러져 있는 깊은 산골에 아침저녁으로 피어오르는 안개가 구름숲을 이루었다 하여 운림산방(雲林山房)이란 이름이 붙었다.

·

운림산방은 오랫동안 방치되었다가 1982년 그의 손자 허건에 의해 복원되었다. 현재는 소치의 생가와 화실, 소치와 후손들의 그림이 전시된 소치기념관이 질서 있게 자리하고 있다. 기념관 안에는 허씨 집안 4대의 그림이 전시되어 있다.

·

직원들이 아직 출근을 안 한 이른 아침에 산방으로 들어갔다. 너른 잔디밭에 햇살은 밝고 명랑하게 퍼지고 청아한 새소리는 산방 안에 활기를 불어넣는다.

너른 잔디밭을 가로질러 왼쪽에 보이는 연못으로 다가갔다. 방지는 한 면이 35m 가량 되

며, 그 중심에는 자연석으로 쌓아 만든 둥근 섬
이 있고 여기에 소치가 심었다는 백일홍 한 그
루가 서있다. 연못 안에는 수련이 가득하다.

　산방의 연못은 안압지와 같이 가장자리에
굴곡을 두지 않고 언뜻 보면 무미하다 싶을 정
도로 직사각형의 단순한 모습을 보이고 있다.
이른바 방지원도(方池圓島)의 형태를 갖추고
있는데, 네모난 연못은 땅을 비유하고 둥근 섬
은 하늘을 뜻한다. 연못 속에선 첨찰산이 거꾸
로 들어 앉아 잔물결을 일으키고 분홍빛 수련
은 파문에 흔들리며 그 옛날 못가에 앉아 날렵
하게 붓을 놀리던 화가를 기억한다.

·

방지를 돌아 운림산방으로 간다. 산방에 이르
는 길은 정면의 방지로 인해 측면으로 들어가

게 되어 있다. 좁은 길 좌우에 시립한 향나무,
쥐똥나무, 사철나무 등은 산방을 깊숙한 처소
로 만들고, 툇마루 앞 파초는 아직도 그 옛날
화가주인의 감성을 못 잊는지 바람이 불 때마
다 큰 잎을 출렁인다.

　소치 허련이 화실로 사용하던 이 작은 기와
집은 특별한 치장이 없이 단아해 검박한 그의
생활이 엿보인다. 하긴 이 집이 여느 아흔아홉
간 집처럼 높직하다면 사람들은 이를 화가의
집이라 하지 않고 무슨무슨 벼슬을 한 이의 집
이라 할 것이다.

·

운림산방 뒤꼍에는 초가집 한 채가 다소곳이
들어앉아 있다. 잔디가 깔린 생가의 바깥 뜰을
거닐면서 초가집을 바라본다. 멀리 앞산의 중

맥문동

백합과에 속하는 다년생초본으로 중국이 원산지이나 한국, 일본 등지에도 분포한다. 우리나라에서는 중부이남 산과 들의 그늘지고 습한 곳에서 자생한다. 뿌리가 보리[麥]와 닮았고 겨울에도 얼어 죽지 않는다고 하여 맥문동(麥門冬)이란 이름이 붙었다. 꽃은 총상화서로 6~7월에 엷은 자색 꽃이 피고, 장과는 구형이며 흑백색으로 정원에 심어 관상용으로 이용하기도 한다. 뿌리의 괴근은 약용으로 쓴다.

보통의 풀들은 그늘진 곳에서 잘 자라지 못하지만 맥문동은 잘 견디므로 공원이나 정원의 지피식물로 흔히 활용된다.

턱에 걸린 초가지붕 주위로 감나무며 대추나무, 아그배나무, 홍매 등 친근한 나무들이 솟아올라 있다. 돌담장은 마삭줄, 할미밀망 등이 뒤덮고 있으며, 돌담 아래로는 맥문동이 가지런히 깔려 있다. 한국인의 전형적인 고향집 그림이다.

·

바깥뜰을 한 바퀴 둘러보고 생가로 들어간다. 편평한 돌이 깔린 길 좌우에는 나무 그늘 아래서 **맥문동**이 짙은 녹색의 길고 풍성한 잎을 시원스레 펼쳐 보이고 있다.

생가 안뜰로 들어가니 앞마당은 작지만 단정하고, 오른쪽 담 밑에는 맥문동이 길게 펼쳐져 있다. 저쪽 끝 담장 안으로는 파초가 껑충 솟아올라 있다.

·

남도의 화가들은 으레 집에 파초 하나쯤은 심어놓고 완상한다. 파초는 쌍떡잎식물 생강목 파초과의 여러해살이풀로 중국이 원산지이다. 멀리서 보면 나무같이 보이지만 자세히 보면 줄기가 녹색이고 가을이면 잎이 마르는 풀이다. 옛날부터 동양에서는 그 넓은 잎새와 잎새 위로 떨어지는 빗소리를 아주 운치 있게 여겨 풍류(風流)삼아 명상에 들거나 시를 짓기도 하였다.

소치는 고향을 떠나 먼 이국땅에 와서 살고

있는 이 파초를 볼 때마다 존경하던 스승 추사가 이 세상을 떠났음을, 철종 곁을 떠나온 자신의 처지를 생각했을 것이다.

·

파 초

김동명

조국을 언제 떠났노
파초의 꿈은 가련하다

남국(南國)을 향한 불타는 향수(鄕愁),
너의 넋은 수녀(修女)보다도 더욱 외롭구나!

소낙비를 그리는 너는 정열의 여인,
나는 샘물을 길어 네 발등에 붓는다

이제 밤이 차다
나는 또 너를 내 머리맡에 있게 하마
나는 즐겨 너를 위해 종이 되리니,

너의 그 드리운 치맛자락으로
우리의 겨울을 가리우자

·

옛날이야기에도 파초가 등장한다.

한 선비가 여름밤에 혼자 앉아 글을 읽고 있는데 방문 열리는 기척도 없이 언제 왔는지 한 미인이 방안에 들어와 서 있었다. 선비는 무척 놀라 "어디서 오신 분이냐."고 물었다. 여인은 아주 공손한 어조로 자기도 "이곳에 사는 사람이라." 답하고는 뜰로 내려갔다. 선비는 궁금하고 묘한 감정을 제어할 수 없어 곧 뒤를 쫓아가 그녀의 팔소매를 잡았으나 여인은 뿌리치고 어둠 속으로 사라지고 말았다. 선비는 한참 동안 허전한 마음을 쓸어내다 문득 자신의 손 안에 뜯겨진 여인의 소매 자락이 들려 있음을 알게 되었다. 자세히 살펴보니 뜻밖에도 그 옷소매는 파초 잎사귀였다. 선비는 그날 밤을 꿈을 꾸듯 뜬 눈으로 새운 뒤 날이 밝자마자 마당 한 가운데 있는 파초에게 달려갔다. 그런데 기묘하게 파초의 잎이 찢겨져 있어 들고 있던 조각을 맞춰보았더니 꼭 들어맞았다.

•

소치는 파초를 보며 그리움을 삭였으리라.

•

생가를 나와서 기념관으로 간다.

중정 안에는 잔디밭을 가로질러 작은 배수로가 갈지(之)자로 나 있다. 규모 있는 한옥 건물 중정에 어울리지 않는 장치이다. 배수로를

낼 양이면 직각으로 깔끔하게 냈을 것이다. 그렇다면 이는 단순한 배수로가 아니라 곡수를 표현한 장치일까? 그런데 가장자리에 놓인 돌들은 화강암을 정방형으로 쪼아 만든 것들이어서 운치가 따르지 않으니 곡수라 보기에도 무리가 따른다. 평상시에는 물도 흐르지 않는다. 참으로 어정쩡하다.

•

회랑에 서서 소치 생가를 바라보니 생가는 회랑의 중앙선 상에 위치하였다. 소치의 영혼이 마당을 거닐다가 파초 잎에 구르는 이슬방울을 타고 잔디밭을 가로질러 회랑으로 들어와 쉽게 기념관을 둘러보게 하기 위한 배려인가 보다.

•

소치가 서화에 뛰어나므로 민영익은 그를 일컬어 묵신(墨神)이라 했다. 정문조는 여기에 시를 더하여 삼절(三節)이라 하였고, 추사 김정희는 중국 원나라 4대 화가의 한 사람인 대치(大痴) 황공망에 견줄 만하다 하여 소치(小痴)라 했다. 그만큼 소치는 당대의 거화였다.

이를 기려 1980년에 세워진 소치기념관에는 한국화 6점, 서예 9점, 사군자 8점, 민속유물 176점, 수석 95점, 고서 33점, 복사품 97점이 전시되어 있다. 소치의 작품 외에 그의 자손인 미산 허형(米山 許瀅), 남농 허건(南農 許健) 그리고 증손자인 허문까지 4대의 작품이 전시되어 있다.

한국식 전통 조경의 핵심은 자연에 순응하는 열린 마음으로 자신의 공간과 주변 환경을 조화롭게 꾸미는 데 있다. 소치는 첨찰산 자락 운림산방에 돌아와 이제껏 익힌 자연미학을 바탕으로 정원을 꾸몄다. 집 앞에 방지원도를 꾸며 배산임수의 명당을 만들고 첨찰산의 경관을 집 안으로 끌어들이는 차경으로 자연 속의 삶을 영위했다. 여기에 갖가지 야생화를 심어 자연미를 더하고 계절 따라 피고 지는 변화를 즐겼다. 맥문동으로 기를 보하고 파초를 심어 왕과 조정, 스승에 대한 그리움을 달랜 소치. 그는 자신이 그린 그림 속의 정경을 산방 안에 들여놓고 배를 타고 낚시를 즐기거나 구름 속에 묻힌 산을 오르기도 했다.

오늘은 객이 대신하여 따사로운 햇살 아래서 야생화를 탐닉한다.

부용동 세연지

전남 완도군 보길면 부황리

부용동(芙蓉洞)은 보길도의 주봉인 격자봉을 주산으로 동쪽에는 광대봉, 서쪽에는 망월봉 등 크고 작은 산이 동남쪽과 서남쪽 해안으로 둘러싸여 배산임해(背山臨海)의 형국을 갖춘 곳에 위치한다. 이 안에는 세연정과 고산이 기거하던 낙서재, 산책과 사색의 장소로 이용하던 동천석실과 옥소대 등 많은 유적들이 산재해 있다.

아침 햇살을 정면으로 받고 있는 세연지의 정자와 물과 바위는 갓난아기 살결처럼 뽀얗다. 한아름에 품고 볼이라도 비벼 봤으면 좋겠다.

•

이 장면을 보기 위해 세연지 건너편으로 넘어가서 몇 번이나 오르락내리락 했는지 모른다. 미인도를 그릴 때 정면에서 보이는 것만 그려서는 제대로 인물을 표현할 수 없다. 빼어난 아름다움을 갖춘 세연정을 다각도로 형용하려면 발품을 팔지 않을 수 없다.

이 자리에서는 세연정의 물그림자가 온전히 보인다. 나뭇가지 사이에 갇힌 하늘은 물에 들어 천길 심연이 되고 정자 주위의 바위들은 심연에 주초를 박았다. 아침바람이 살살 불어 잔물결을 일으키는데 미인이 아미를 살짝 찌푸리고 근심을 하는 가운데 지난 기쁨을 맛보는 듯하다.

상류 쪽으로 몇 걸음 옮기니 눈썹 모양의 수양버들 가지가 하늘을 가리고 정자 왼편의

큰 바위는 정자만 남겨두고 나머지를 감추고 있다. 정자는 그러니까 파란 하늘 아래 녹색의 숲과 바위로 병풍을 치고 나뭇가지로 커튼을 친 후 선녀처럼 목욕을 하고 있는 셈이다. 나는 수양버들 주위의 작은 덤불 뒤에서 숨을 죽이며 눈만 내놓고 선녀가 목욕하는 모습을 지켜본다.

•

덤불을 나와 선녀에게 가까이 다가가니 병풍처럼 막고 있던 바위들의 모습이 하나하나 뚜렷하게 드러난다. 세연지에는 크고 작은 바위들이 많은데, 고산은 이 중 큰 바위 7개를 지목하여 각각의 이름을 붙이고 칠암(七巖)이라 하였다.

•

칠암 중 생긴 모양이 마치 힘차게 뛰어 나갈 것 같은 큰 황소를 닮았다 하여 혹약암(或躍巖)이라 불리는 특이하게 생긴 바위가 있다. 이 이름은 '혹약재연(或躍在淵)'이란 〈주역〉의 건괘 효사에서 따온 말로써 '뛸 듯하면서 아직 뛰지 않고 못에 있다'는 뜻이다. 하늘로 승천할 준비를 하면서 때를 기다리는 용을 일컬어 잠룡(潛龍)이라 하는 바, 혹약암이 바로 그러한 자세를 나타낸다는 것이다. 잠룡은 이어 밭에 모습을 드러내는 현룡(見龍)을 거쳐 제왕의 지위에

오르는 비룡(飛龍)이 되었다가 너무 높이 올라 추락할 때만 남겨 놓은 항룡(亢龍)이 된다.

이런 이름을 부용동 깊은 곳에 붙여 놓았으니 망정이지 고산이 나고 자라던 종로 견지동에 걸어 놓았다면 고산은 또 한번 귀양살이를 했을지 모른다. '잠룡이 누구를 가리키는 것이냐, 감히 신하로써 군왕의 자리를 넘보느냐'고 힐책하고 매도한다면 그 말 많던 세월에 역모죄로 연루되지 않을 수 없었을 터이다.

*

정치적으로 열세에 있던 남인 가문에 태어나서 집권세력인 서인 일파에 강력하게 맞서 왕권 강화를 주장하다가 18년의 유배생활과 20여 년의 은거생활을 하였으니, 고산만큼 역마살이 두텁게 낀 이도 그리 흔치는 않을 것이다. 게다가 고산의 보길도 생활을 정리해 보면 51세 때 입도한 이래 85세에 사망할 때까지 7차례나 들고 나고 했으니, 거마비만 해도 집 한 채 값은 들었을 것이다.

특히 치욕의 병자호란이 일어나자 사직의 위급함을 보고 우국충정에 불타던 고산은 향리에서 모집한 의병과 자제 및 가복들을 거느리고 군량과 전함을 준비하여 불철주야 강화로 향한다. 그러나 항해 중에 인조가 항복했다는 소식을 듣고는 되돌아와 은둔하기로 결심한다. 고산은 바로 뱃머리를 탐라로 돌렸다가 심한 풍랑으로 보길도에 상륙하여 내처 눌러 살게 된다. 이 때가 고산의 나이 51세 때(1637)

수련

로 그의 평생을 살펴볼 때 가장 큰 역마살이 낀 해이다. 이를 계기로 그는 땅에서 살기를 그만 두고 하늘에 살기를 염원한다. 세연정 앞의 원도(圓島)는 그런 연유를 간직한 하늘이다.

•

우리나라에 물을 이용한 수경의 조성은 삼국 시대부터 그 흔적을 찾아 볼 수 있으며 그 종류 에는 지당(池塘), 계간(鷄澗), 정천(井泉) 등이 있다. 낮은 곳에 물이 괸 것을 지(池), 뚝을 쌓 아 물이 괴도록 한 것을 당(塘)이라 하는데 이 를 다시 호안에 곡선으로 조성한 곡지(曲池)와 직선으로 처리한 방지(方池), 곡선과 직선을 혼 합한 원지(苑池)로 나눈다. 오랜 옛날에는 곡 지와 방지 두 가지가 모두 있었으나 조선시대에 이르러 곡지는 없어지고 방지만을 선호하게 되 었다. 그리고 조선시대에 들어와 못 한가운데 둥근 섬을 만드는 기법이 시작되는데 이를 방 지원도형(方池圓島形)이라 한다.

고산이 만든 세연지의 원도는 유교에서 지 향하는 음양조화의 차원을 넘어 신선세계를 나타내고 있는 듯이 보인다. 패망한 군주에게 는 미안한 일이지만 조정에서 멀리 떨어진 곳 에 은일한 신선세계를 구현함으로써 이제까지 의 거슬림에서 벗어나 자유를 누리고, 나아가 간접적으로나마 군주와 조선에 기여할 것이 아니겠는가 하는 생각이었다.

고산은 정자에 앉아 소나무 가지 아래로

내려다보이는 연못 속의 수련을 보면서 단군 과 삼신산(중국 전설에 나오는 산으로 동쪽 바 다 한가운데 있는 신선이 사는 세 개의 산. 각 각 봉래산, 방장산, 영주산이라 하는데 우리나 라의 금강산, 지리산, 한라산을 신비롭게 일컬 어 삼신산이라 부르기도 함) 그리고 최치원, 김 시습, 정렴 등의 신선을 떠올리며 연못에 비치 는 자신의 모습이 저들을 닮기를 갈구한다.

•

수련은 여러해살이 수생식물이다. 자라면서 해 마다 새싹을 많이 내는데 봄에 싹이 있는 부분 을 하나씩 잘라 번식시킨다. 이는 사람이 양생 을 잘 해 나아가면 여러 개의 싹이 트고 그 분신 이 대를 이어 죽지 않고 살게 되니 결국 신선이 되는 것이라 한다.

수련의 꽃은 6~7월에 흰색으로 피는데, 밤 이면 꽃잎을 접고 잠을 자므로 수련(睡蓮)이라 한다. 꽃은 3일 동안 피었다 닫혔다 한다. 열매 는 꽃받침에 싸여 있으며 물속에서 썩어 씨를 방출하는데, 씨는 육질의 씨껍질에 싸여 있다. 시든 꽃은 물속으로 모습을 감추고 열매도 물 속에서 맺어 추한 모습을 보이지 않는다. 최치 원이 아무 흔적을 남기지 않고 가야산 홍류동 에서 홀연히 사라진 모양과 같다.

수련속 식물은 열대지방과 온대지방에 40 여 종이 있는데 한국에는 수련과 애기수련이 서식한다. 이중 애기수련은 황해도 장산곶과

몽산포의 바닷가와 근처 늪에서 자라는 한국 특산식물이다. 고산은 한양성 천리 밖의 외로운 섬의 세연지에 핀 애기수련을 물끄러미 바라본다. '저 안에 내가 있는가' 하여...

•

사람들은 세연지를 '주변 경관이 매우 깨끗하고 단정하여 기분이 상쾌해지는 곳'이라 풀이하나 사실은 '있는 그대로의 연못[然池]에 조금 손을 댔을 뿐[洗]'이란 뜻이다. 하늘은 연지를 만들었으나 이에 미치지 못하는 사람으로서는 눈에 아름다운 채색을 하고 싶어 요모조모로 꾸몄다는 것이다.

•

세연지 건너편의 산록은 완만하여 갖은 잡풀들이 자라는데, 그 사이로 난 좁은 길은 얼마나 많은 사람들이 다녀갔는지 반들반들하다. 못가의 석축 위에는 **마삭줄**이 풍성하게 자라고 길가에선 **뱀딸기** 덩굴이며 도깨비바늘, **질경이**, 개비름, 꼭두서니, 사철쑥, 그령, 바랭이, 왕바랭이 등이 밝은 햇살을 받고 있다. 여기엔 귀티 나는 **물매화**나 제비동자꽃이 없다. 하긴, 굳이 이런 자리에까지 야생화가 들어와 눈길을 잡아야 할 이유는 없을 것이다.

•

보를 건너 정자로 간다. 이 판석보는 일명 '굴뚝다리'라고도 하는데 우리나라 조원 중 유일한 석조보로서 판자 모양의 돌을 얹어 다리를 놓

마삭줄

뱀딸기

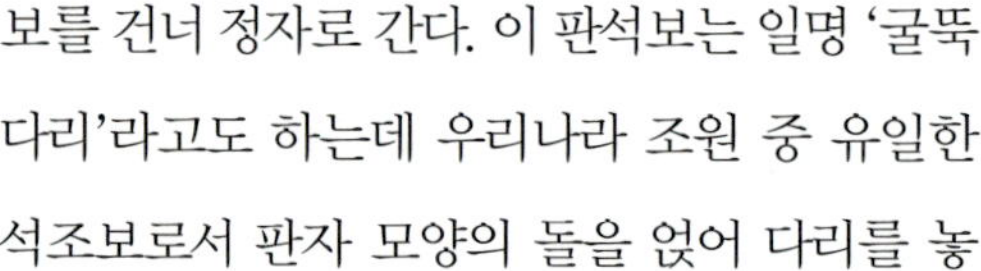

질경이

물매화

은 것이다. 물이 없으면 옥소대로 오르기 위해 세연지를 건너는 돌다리가 되고 물이 많으면 작은 폭포가 된다. 내가 모습을 드러내자 그동안 목욕하던 선녀들은 가뭇없고 눈앞에는 조원에 동원된 여러가지 구체적인 사실들이 나타나기 시작한다.

·

세연정은 자연과 인공을 교묘히 접합시킨 조원(造園)으로, 자연못(계담)과 인공못(회수담)을 태극무늬로 휘감아 돌리고 그 복판에 十자형으로 지은 정자이다. 판석보에 막힌 물길이 세

연정 북쪽 배수구를 지나서 회수담을 감돌아 흘러 조그만 인공 도랑을 통해 계담으로 빠지도록 했다. 강조할 자리에는 단과 동산, 다리를 놓아 전체적으로 무릉도원의 형상을 갖추려 하였다.

·

회수담(回水潭)은 방형(方形)의 인공연못인데 연못 한가운데는 인공으로 축조한 정방형의 섬이 있고, 여기에 아름다운 소나무들을 심어 놓았다. 연못 가운데는 거대한 바위를 배열하여 조화를 이루고 연꽃을 심어 운치를 더했다. 연못의 물을 한상 깨끗하게 보존하기 위해 다섯

동백

구멍으로 물이 들어가 합류된 다음 세 구멍으로 나오게 하는 '오입삼출구(五入三出口)'를 만들되 들어가는 쪽의 물은 높게, 나오는 쪽의 물은 낮게 한 자 정도의 낙차가 생기도록 하여 계담으로 흘러들어가도록 하였다.

•

회수담과 계담의 중심부에는 축대를 높게 쌓고 그 축대 위에 세연정을 지었으며 세연정의 동서로 동대(東臺)와 서대(西臺)를 쌓아 무대를 설치하였다. 판석보 건너편의 옥소대에서 풍악을 울리면 소리가 세연정을 둘러싼 토성에 부딪혀 가득 깔리고 동대와 서대에서는 기생들이 춤을 춘다. 동자가 차를 끓이고 못에서 딴연심으로 다식을 올리면 고산은 벗과 더불어 호연

지기를 만끽한다. 실로 선경이 아닐 수 없다.

•

고산은 세연정에 앉아 차를 하며 원도를 내다본다. 원도를 볼 때마다 하늘인 인조가 생각난다. 하늘가엔 늘 송시열을 비롯한 서인들의 먹구름이 끼어 있어 원도를 보는 일이 그다지 즐겁지만은 않다. 오늘은 하늘을 잊기로 한다. 찻자리를 술자리로 바꾼다. 다시 풍악.

부용동에서 야생화를 좋아하는 이를 만나 잠시 얘기를 나눈다. 보길도에도 볼만한 야생화들은 많다고 하니 세연지에서는 야생화 얘기를 생략해야겠다. 여기에서는 물과 바위와 정자 그리고 소나무와 **동백**이 야생의 꽃이니.

운조루

전남 구례군 토지면 오미리

서울에서부터 먼 길을 달려오다 보니 노곤했었나보다. 뒷자리에서 길게 한 숨 잘 잤다. 차에서 내려 앞에 있는 큰 집 쪽으로 난 길을 따라 두리번거리며 간다. 길가 축대 위에 배롱나무 붉은 꽃덩어리가 넘실거리는데 그 사이로 큰 집 대문이 보인다. 운조루(雲鳥樓)다.

雲無心以出岫 운무심이출수
구름은 무심히 산골짜기에 피어오르고
鳥倦飛而知還 조권비이지환
새들은 날기에 지쳐 둥우리로 돌아오네

●

●

운조루는 '구름 속의 새'처럼 '숨어사는 집'이란 뜻과 함께 '구름 위를 나는 새가 사는 빼어난 집'이란 뜻도 지니고 있다. 운조(雲鳥)는 중국의 도연명(陶淵明)이 지은 〈귀거래혜사(歸去來兮辭)〉에서 따온 글귀이다.

도연명이 마흔 한 살에 평택 현령으로 발령을 받았는데, 부임 80일 만에 군에서 행정시찰을 나온다고 하자 현령 관복을 차려 입고 나가 시찰관을 맞이할 자신의 처지가 한스럽게 느껴졌다. 도연명은 "나는 오두미의 녹을 위해 허리를 굽혀 시골의 소인배들을 섬길 수는 없다"고 선언하고, 내처 관복을 벗어던지고는 고향으로 돌아가면서 『돌아가자! 전원이 황폐해가고 있거늘 어찌 돌아가지 않겠는가』로 시작되는 〈귀거래혜사〉를 읊었다.

운조루 주인 유이주(柳爾冑)는 이 글 가운데 다음의 문구에서 첫 머리 두 글자를 취해 그의 집 이름을 삼았다. 벼슬을 버리고 오미동을 찾은 그의 심정을 읽을 수 있는 작명이다.

그렇다고 유이주가 중도에 벼슬을 그만두고 자연과 벗해 살지는 않았다. 오히려 그는 당쟁의 회오리 속에서도 꿋꿋하고도 운치 있게 살다 간 전형적인 무인이다.

유이주는 그가 처음 이사와 살았던 '구만들'의 지명을 따 호를 귀만(歸晚)이라 했다. 후손들은 유이주의 만년 벼슬 이름을 따서 '삼수공(三水公)'이라 부른다.

●

귀만은 1726년에 대구에서 태어나 28세에 홍봉한의 천거로 무과에 급제한다. 호랑이를 채찍으로 쳐 잡은 장사로 알려질 정도로 담력이 있는 무골풍의 사나이였다. 42세에 남한산성을 쌓는 일에 동원되고, 46세에 낙안군수가 되었으나 48세에 낙안세곡선이 한양으로 가던 길에 침몰한 책임을 지고 삼수(三水)로 유배를 당한다. 이듬해 풀려나 가족을 거느리고 구룡정리로 이사하는데, 여기서 이곳 토호였던

이시화와 사돈간이 되면서 운조루와의 인연이
생기게 된다.

영조가 죽고 정조가 등극하던 51세 때에
다시 벼슬길에 오른 것은 홍봉한의 재기에 따
른 것으로 그 해에 함흥 오위장(五衛將)으로
재등용되어 함흥성을 쌓는데 그의 능력을 발
휘한다. 같은 해에 지금의 운조루 자리에 집을
짓기 시작하는데, 이 자리는 원래 사돈인 이시
화의 땅으로 양여를 받은 것이다. 산자락에 위
치하여 산사태의 위험이 있고 고인돌마저 널려
있어 이곳 사람들이 개간을 꺼리던 자리였다.
귀만은 운조루 터를 닦으면서 '하늘이 이 땅을

아껴 두었던 것으로 비밀스럽게 나를 기다린
것'이라고 기뻐한다. 귀만의 담대하고도 신념
있는 자세를 보이는 대목이다.

이곳 운조루가 자리한 모양은 지리산의 주
봉 노고단에서 시작하여 월령봉을 타고 내려
온 지맥이 천황치에 이르러 건너편 왕시리봉
줄기와 어우러져 섬진강을 끌어안은 모습이다.
전형적인 배산임수의 터로서 강 건너 오봉산
이 안산(案山)으로 앉아 있다. 이 일대 마을을
오미동(五美洞)이라 부르는데 '뒤로 펼쳐지는
천행치가 바람을 막아주며, 촛대봉은 마을을
밝히고, 앞의 오봉산은 다섯 재상이 절을 하는

형국이며, 문전옥답이 기름지고, 인심이 후하
다'는 다섯 가지 미적 요건을 갖춘 땅이라 해서
지어졌다.

후일 사람들은 풍수지리설에 도취하여 외
치고 다녔다. 어떤 이는 '옥녀의 금가락지가 떨
어진 자리가 바로 운조루'라 하고, 금 거북이가
진흙에 묻혔다는 '금구몰니(金龜沒泥)'터라
하였으며, 금·은·진주·산호·호박 등 다섯 보
물이 쌓였다는 '오보교취(五寶交聚)'터라고도
하였다.

그러나 이는 귀만이 집터를 만들어 놓고

난 다음의 얘기이고 그 이전의 상태를 본 이들
은 전혀 다른 평가를 했던 것이다. 그만큼 귀만
은 지기를 누를 만큼 기도 세고, 터를 잡고 난
다음의 비전을 설계할 수 있는 안목을 가졌던
이다. 화가는 그림을 그리고 이를 보는 이는 만
가지 상상을 하는 것처럼.

•

위와 같이 '터'에 대한 잡다한 생각들을 하며
운조루 앞에 있는 연못가를 거닌다. 연못 안에

는 녹색의 가락지들이 무수히 많이 떠있고 빨
갛고 노란 오보(五寶)들이 반짝거린다. 다리를
건너 둥근 섬 가운데 홀로 서있는 소나무 밑에
서 땀을 식히는데, 문득 사람이 한세상 살아가
는 것이 빈 바람 들이키는 한숨 같다는 생각이
든다.

맑은 물에 아무 것도 떠있지 않으면 명경처
럼 투명하고 고요하여 선경이 보인다. 이러한
모습을 갖추는 것이 제일의 조원이고 수련 등
을 띄우는 것은 차선이다. 그러니 **수련**을 띄우
더라도 수면 전체를 덮을 일이 아니라 부분적
으로 띄울 일이다.

연못을 나와 대문 앞 수로를 건너는데 난데없
이 손바닥 선인장 무리가 영접을 한다. 손바닥
선인장은 열대사막이 원산지이나 바닷물에 떠
내려와 제주도에서 자생하게 된 야생화다. 꽃
도 아름답지만 노인들의 퇴행성관절염과 두
통에 쓰면 효과가 좋은 약초이기도 하다. 그런
데, 함흥에서 낙안까지 이 나라 곳곳에서 국방
의 임무를 수행하던 귀만이 이를 보고 의아해
하지 않을까 하는 생각이 든다. 둥글넓적한 이
파리에 가시가 돋아 있어 이만한 한옥 입구에
서있을 만큼 운치 있는 야생화가 아니기 때문
이다. 그나마 선인장 옆에 불당나무가 꽤 큰 몸
체로 을씨년스러운 풍경을 다소 가려주는 것이
다행이다.

수련

수련은 다년생 부엽(浮葉)식물이다. 잎
은 광택이 있으며 물 위에 떠있다. 꽃
색깔은 빨강, 노랑, 하양, 보라, 자주색
등 다양하며 비가 오거나 안개가 끼는
날씨, 새벽 여명이나 뙤약볕 아래에서
의 모습은 또 다른 맛을 낸다. 그러니
조원시에 잘 다루면 매우 큰 즐거움을
얻을 수 있는 야생화다.
연꽃과 달리 수련은 한대 수련과 열대
수련으로 나뉜다. 한대 수련은 엄동설
한에도 얼어 죽지 않고 견뎌 내나, 열대
수련은 낮은 온도에 약하다. 우리나라
는 남쪽과 중부지역의 기온 차이에 따
라 노지 월동을 하는 수련의 종류가 다
르다.

담쟁이덩굴

천리향

산수유

매화

동백

행랑채 좌우의 벽체와 담에는 **담쟁이덩굴**이 많이 자라고 있다. 담쟁이덩굴은 지금상춘등(地錦常春藤) 또는 돌담에 이어 자란다는 뜻으로 낙석(洛石)이라고도 한다. 줄기에서 잎과 마주하면서 돋아나는 공기뿌리의 끝이 작은 빨판처럼 생겨서 아무 곳에나 착 달라붙는 편리한 구조를 가지고 있다. 조선조의 선비들은 담쟁이덩굴이 다른 물체에 붙어서 자라는 것을 보고 비열한 식물로 비하하였다. '빼어나기가 송백(松柏)과 같고 깨끗하기가 빙옥(氷玉)과 같은 자는 반드시 군자이고 등나무나 담쟁이같이 빌붙기를 잘 하는 이는 반드시 소인일 것'이라 하였다. 그러나 한편으로 끈기 있게 뻗어가고 높은 곳까지 담대하게 올라가는 모습에서 귀만의 일생이 그려지기도 한다.

·

대문을 들어서면 너른 사랑채 앞뜰이 있고, 사랑채 건물은 전면 석축 위에 높직하게 지어졌다.

운조루는 명당에 집을 지었다는 것도 있지만 조선 후기 건축 양식을 충실하게 보이는 역사적 유물로서도 가치를 지니고 있다. 귀만은 조선조 대군들이 지을 수 있었던 60칸을 넘어 99칸 규모의 건물을 지었는데, 규모와 구조가 조선 왕조 양반가옥의 모습을 잘 나타내주고 호남지방에서는 그 유래를 찾아보기 힘들만큼 웅장하다. 집의 구성은 T자형 사랑채, ㄷ자형

박태기나무

복수초

개복수초

맥문동

안채가 중문간, 행랑채 등과 서로 연이어 있고 동북부에 사당이 위치한다. 현재 있는 건물은 대문, 행랑채, 사랑채, 안채, 사당, 연당 등이다.

사랑채 앞뜰에는 횡으로 작은 화단이 설치되어 있고 측면에도 작은 화단에 나무와 야생화들이 식재되어 있다. 사랑채 마루에 앉아 뜰을 내려다보면 아담한 목단은 부귀의 꽃을 피우고, 오래 묵은 벚나무 가지에 벚꽃이 피면 누대 아래가 환하다. 왼쪽 화단의 동백꽃이 피었다가 그 아래에 누워 있는 큰 돌 위에 떨어지면 검은 돌 위에 붉은 꽃이 핀 듯 운치 있다. 사랑채에서 안채를 지나 사당에 이르는 공간에는 여러 종류의 나무와 야생화들이 보인다. 누마루 앞에 있는 키 큰 회양목은 보기 드물게 크고 소나무, 오죽은 늘 푸른 경관을 보여준다. 작은 사랑채 뒤에 있는 자그마한 화단엔 봉숭아와 맨드라미가 피어 여느 시골집에서와 같은 정겨운 분위기를 낸다.

그 외에도 **천리향, 산수유, 매화, 동백, 박태기나무**가 키 높이에서 피고 지고 있으며 **복수초, 개복수초, 맥문동**이 발치에서 반기는 중에 **개불알풀**은 아무데서나 작은 보라색 꽃을 피운다.

개불알풀

덩굴장미

사랑초

사랑초의 잎은 심장 모양을 하고 있다. 낮에는 활짝 펼쳐지고 밤이 되면 들러 붙어버린다 하여 '사랑초'라 하는데 그 래서 꽃말도 '당신을 버리지 않음'이다. 사랑초 중 희망봉 괭이밥은 남아프리 카가 원산지이며 주로 온실에서 알뿌 리를 분재하나 따뜻한 지방에서는 화 단에서 월동을 하며 7~10월에 분홍색 꽃이 피는 종이다.

후손이 살고 있는 안채로 들어간다. 사방에 들어선 건물들로 막힌 ㅁ자 봉당에 내리쏟아지는 햇빛에 눈이 부시다. 마루에 올라 안마당을 내려다보니 정면의 장독대에는 크고 작은 장독들이 모여 있다. 장독들은 하나같이 동글동글하게 생겼는데 평소에 얼마나 깔끔하게 손질을 하고 있는지 반질반질 윤이 난다. 장독대 오지항아리들 위로 하얀 목련이 피면 된장이 티 없이 익어가고, 목련이 지고난 후엔 **덩굴장미**가 고추장을 빨갛게 물들인다.

장독대 아래 바닥에 주욱 깔려 있는 **사랑초**가 꽃을 피우면 장독대에 오르는 아낙들 치마는 연분홍빛으로 펄럭이고 그릇에 담은 장아찌는 찐득한 사랑을 품고 가족들 상 위에 오른다. 사랑초를 장독대 앞바닥에 심다니 참으로 기발한 발상이다.

·

사 랑 초

민경교

앞으로는 우리아빠 정말
미워할 거예요

아빠는 내가 잠든 새벽에
회사에 출근하셨다
돌아오시면

창문을 활짝 열어 제쳐 놓으시고
껄껄 웃으시거든요
엄마가 베란다에 예쁘게
가꾸어 놓으신
사랑초를 바라보며 웃으신다는 것을
내가 모르는 줄 아시는가 봐요

아침 일찍 출근하셨다
밤늦게 돌아오시면
잎과 잎이 겹쳐
오붓이 누워있는 사랑초가 나보다 더
예쁘게 보이시는가본데요
아빠 정말 미워요

·

안채를 지나 사당과 뒤뜰을 둘러보고 나니 어느덧 한낮이 지났다. 운조루의 야생화 경관은 봄에 잠깐 빛이 나고 나머지 계절에는 비교적 한산하게 보일 정도로 조원되어 있다. 나무들과 야생화들은 집 앞 연못의 수련 말고는 그다지 짜임새를 갖추고 있지 않아 보인다. 나무나 야생화들이 단편적으로는 갖춘 듯 보이면서도 전체적으로는 조화를 이루지 못하고 있는 것이다. 운조루 같이 공간이 넓고 건축적·역사적으로 가치 있는 한옥에 보다 체계적인 야생화 조원이 갖추어진다면 우리 것이 더욱 빛나지 않겠나 하는 생각이 든다.

심수정
경북 경주시 강동면 양동리

노랑코스모스

자생지는 북아메리카 남부와 중앙아메리카 지역으로 80~100종 정도가 분포하고 있다. 잎과 줄기의 모양은 코스모스와 흡사하고 꽃은 6~8월에 핀다. 주로 화단용으로 이용되지만 절화용이나 밀원식물로도 쓰인다. 노랑코스모스는 씨앗으로 잘 번식하는 한해살이풀이다. 초가을에 잘 여문 씨앗들을 받아 바로 뿌리거나 냉장고에 두었다가 봄에 뿌린다. 개체에 따라 꽃이 빈약하게 핀 것들은 줄기 밑 부분이 목질화되면서 여러해살이처럼 자라기도 한다. 꽃 모양이나 수는 그 해에 핀 것들이 보기도 좋고 많이 핀다. 봄이나 가을에 피는 다른 야생화들과 잘 혼식하면 일년내내 화단에서 아름다운 꽃을 관상할 수 있다.

밝고 맑은 아침햇살을 마시며 양동마을 한가운데를 관통하는 한길을 따라 올라간다. 마을의 집들은 지세를 따라 안락하다 싶은 자리에 하나씩 꼭꼭 들어앉아 있는데, 모두 한옥이다. 한적한 길을 바쁠 것도 없이 느릿느릿 걸어가며 주위의 풍정을 돌아보는 중에 얼핏 오른쪽 성주봉 아래로 묵직한 건물이 시야에 들어온다. 큰 나무들이 우거진 숲 속에서 일부 모습을 드러냈다가는 다시 나무에 가려진다. 일행은 자연스럽게 그 건물 자리로 향한다. 오르막 길가에는 노랑코스모스가 피어 있다. 어느새 외국종 야생화인 **노랑코스모스**가 이토록 오래된 마을 안에도 똬리를 틀고 있다.

인근의 분황사부터 첨성대에 이르는 공원 전체가 노랑코스모스로 뒤덮여 있었던 것으로 미루어 아마도 경주를 이 꽃으로 뒤덮을 작정인가 보다. 외국종 노랑코스모스가 집단적인 아름다움을 표현한다고는 하나 여기 전통 한옥마을 한길 가에 떡하니 자리를 잡고 있는 모양은 그다지 조화롭게 보이지 않고 공감도 가지 않는다.

건물로 올라가는 오르막길이 짙은 그늘에 가려져 있는 것은 높은 석축 위에 서있는 고목의 굵은 나뭇가지가 담을 넘어 아래로 축 쳐져 있기 때문이다. 그늘을 벗어나 양지 쪽에 서니 심수정이라고 안내판이 서있다.

중요민속자료 제81호인 심수정은 맞은편 북촌에 자리 잡은 향단에 딸린 정자이다. 여강이씨 문중에서 세운 것으로 조선 명종 15년 (1560)에 처음 지었다. 지금 있는 정자는 철종 때에 행랑채를 빼고 화재로 모두 타 버려 1917년 원래 모습을 살려 다시 지은 것이다. 건물 구성은 크게 따로 담장을 둘러 세운 정자와 담장 밖에 있는 행랑채로 이루어져 있다. 두 동 모두 ㄱ자형 평면이다.

난간을 설치한 누마루에 오르면 나뭇가지 사이로 향단(보물 제412호)이 있는 북촌 일대의 경관이 시원하게 보인다. 심수정은 이 마을에서 가장 큰 정자로 옛 품격을 잘 간직하고 있으며 건물을 다듬은 기술이 뛰어난 귀한 자료이다.

•

대문 안으로 들어가 정자 가까이 갈수록 고목들이 드리우는 어두운 분위기가 더해진다. 특히 이 가운데 세 그루의 고목은 회화나무인데 회색빛 수피와 여기에 붙어 가지런히 자라는 이끼들이 주는 고태미에서는 정자를 지었던 450년 전의 분위기가 느껴진다.

회화나무는 키가 20m 이상까지 자라는 갈잎큰키나무이다. 조선시대에는 학자나 권세 있는 집안이 아니고서는 회화나무를 심을 수 없었다. 특별히 공이 많은 학자나 관리에게 임금이 상으로 내리기도 했다.

회화나무를 집안에 심으면 유명한 학자가 태어난다고 하고, 세 그루를 심으면 대길(大吉)한 일만 생긴다 한다. 이는 중국 주나라 때,

조정에 세 그루의 회화나무를 심어 놓고 그 나무 앞에서 삼정승이 마주 앉아 집무를 보았다고 한 데서 유래한다.

•

대문을 열자 작은 뜰 가장자리에 하얗게 핀 옥잠화가 눈에 띈다. 한 선비가 정자에 올라 피리를 불고 있을 때 아름다운 곡조를 따라 내려온 선녀가 감상료 대신에 비녀를 던져 주었는데 그 자리에 핀 꽃이 **옥잠화**라 한다. 선녀가 요술막대기로 꽃대를 톡톡 치면서 ‘피어라!’ 하면 비녀처럼 길쭉한 상아빛의 꽃들은 막혔던 꽃봉오리를 차례대로 활짝 피우면서 선녀의 향수를 내뿜는다.

그렇다면 여기 심수정에서 이렇듯 선녀의 정표를 받을 만한 선비는 누구일까. 심수정은 여주이씨 후손들이 농재 이언괄(聾齋 李彦适)의 행적을 추모하여 헌정한 건물이다. 농재는 회재 이언적(晦齋 李彦迪)의 아우이다. 회재가 조정에 출사를 하게 되니 농재는 노모를 모시고 조용히 살았다. 당시는 4대 사화 전후라 노모는 출사한 회재를 생각하며 하루도 마음 편할 날이 없었다. 농재는 한양에서 소식이 내려올 때마다 희비가 엇갈렸다. 차라리 귀머거리가 되었으면 했다. 그래야 노모도 편안히 모실 수 있을 터였다. 자계로써 자신의 호를 ‘귀 먹고 사는 선비’라는 뜻의 농재라 짓고 오로지 노모를 극진히 모시는 데에만 진력을 다했다. 회재는 이러한 농재를 믿고 나랏일에 매

옥잠화

이끼

우리가 흔히 이끼라고 부르는 것은 선류, 태류, 지류의 3군으로 구성되는 선태식물이다. 대부분 육상에서 생육하며 습한 땅, 바위, 썩은 나무, 나무줄기 등에 착생한다. 형태적으로는 대체로 줄기, 잎의 구별이 분명하지 않고 편평한 엽상체(葉狀體)로 조직의 분화는 적고 헛뿌리는 있으나 고등식물과 같은 수분흡수작용은 거의 없다. 이끼류는 직사일광을 싫어하는 것이 많은데, 이것은 햇빛의 복사열로 인해 수분의 증발이 심해지면 말라죽기 때문이다. 때로 집안의 뜰에 있는 바위나 수피에 이끼가 끼는 경우가 있다. 그런 곳은 일단 습하다는 뜻이니 사람이 활동하기에 좋은 조건을 갖춘 곳은 아니다. 그렇다고 달리 도리가 있는 것도 아니라면 나무를 베어내거나 음지에서 자라는 야생화를 식재함이 좋다.

진하였으니 어찌 회재의 명성이 그에게서 그칠 것인가.

이런 연유로 후손들은 심수정을 헌정하여 기리고 있는 것이며, 여기에 '선녀의 비녀꽃'을 심어 단장하고 있는 것이다. 참으로 인륜의 도리를 제대로 할 줄 아는 아름다운 집안이다. 그러니 저 심수정이란 현판이 그저 예사롭게 걸려 있는 것은 아니다.

심수정(心水亭)이란 '마음의 물이 있는 정자'란 뜻이다. 물은 생명을 유지하는데 필수불가결한 요소이다. 생명은 어머니로부터 받는 것이니 마음이 살아 있게 하려면 어머니를 정성으로 공양해야 한다. 그러니, 심수정(마음의 물을 상기하는 정자)이란 현판을 걸어 놓은 뜻은 후손들로 하여금 농재가 어머니를 지극정성으로 모셨던 일을 잊지 말아야 한다는 경구이다.

•

잠시 정자 위에 올라 난간에 턱을 괴고 햇빛바라기를 한다. 산 아래 평지에선 모든 것이 조용하게 움직이고 있는데 정자에 이르러선 고적함이 극에 달한다. 회화나무 줄기에 잔잔하게 깔린 **이끼**는 집안 분위기를 차분하게 가라앉혀 사람들로 하여금 심수정에 몰두하게 만든다.

•

이끼도 활용하기에 따라서는 좋은 경관을 얻

을 수 있다. 정원석에 이끼가 끼어 있으면 일상에서 벗어난 듯 마음이 평온하고 여유로워진다. 또한 이끼가 지닌 불가사의한 생명력은 생활에 활력을 불어 넣기에 충분하며 늘 촉촉하게 유지하도록 하면 실내습도 조절에도 도움이 된다. 이끼에 이슬이 맺혀 있거나 잔잔하고 특이한 모양의 이끼꽃이 피면 자연의 신선함이 그대로 느껴져 머리가 맑아지는 듯 하고, 규칙적인 배열을 보는 데서 오는 평온함을 맛볼 수 있다.

우리 주변의 식물 가운데에는 화려한 모습과 짙은 향기를 지닌 식물이 있는가 하면 볼품 없고 향기가 적어 그다지 사람들의 관심을 끌지 못하는 식물이 있다. 비록 보잘 것 없는 하등식물에 속하지만 아무리 열악한 환경이라도 뿌리를 박고 자손을 퍼뜨리는 강인한 생명력을 가진 것이 바로 이끼이다.

●

날이 맑아 고개를 들어 하늘을 보는데 지붕 위에 녹색의 물체가 어른거린다. 자세히 들여다보니 **와송**이다.

●

조금 더 뒤로 물러서서 지붕을 바라보니 지붕 전체에 바위솔이 자라고 있어 신기한 느낌이 든다. 이러한 경관은 심어서 얻을 수 있는 성질

와송

와송은 바위솔의 일종이고 바위솔은 돌나물과에 속하는 여러해살이풀이 다. 바위나 기와지붕에 붙어서 30㎝ 정도 높이로 자란다. 9~10월에 줄기 끝의 수상꽃차례에 자잘한 흰색 꽃이 다닥다닥 달리는데, 특이하게도 꽃이 피고 열매를 맺으면 죽는다. 꽃줄기 에 촘촘히 붙는 피침형 잎은 흔히 자 줏빛이 돌고 끝이 뾰족하며 통통한 다육질이다.

우리나라에서 서식하는 바위솔의 종류는 와송, 둥근 바위솔, 좀바위 솔, 좁은잎바위솔, 연화바위솔, 난쟁 이바위솔, 정선 바위솔, 진주바위솔 등이 있다.

의 것이 아니므로 인위적으로 조원을 하기에는 어려움이 따른다. 굳이 와송으로 조원을 하려 면 씨를 착생시켜 번식을 기할 수는 있겠다.

심수정엔 이끼, 와송 등 특이한 야생화들 이 잔잔하고 깊은 맛을 내고 있고, 옥잠화, 능 소화 등 일반적으로 자주 식재하는 야생화들 은 간간이 서서 한옥의 맛을 더해주고 있다. 평 시에는 사람이 살지 않아 더 많은 야생화들을 키우지 못하고 있으나 귀머거리는 야생화들이 내는 소리를 더 잘 알아듣는 법이니 보식하는 것이 좋을 듯하다.

귀래정

경북 경주시 강동면 다산리

양동마을을 지나 경주시에 있는 육각정자 귀래정으로 향했다. 다산리는 안강에서 68번 지방도를 따라 기계 방면으로, 기계천을 건너자마자 오른쪽으로 펼쳐진 마을이다. 경주의 최북단인 단구리와 맞닿아 있고 노당리와 들판을 사이에 두고 마주하고 있다. 또 남쪽으로는 안계리와 경계를 이루고, 동쪽으로는 도음산(禱陰山)을 사이에 두어 포항 연일과 마주하고 있는 곳이다.

이곳은 전체 60가구 가운데 40여 가구가 여강이씨로 여강이씨의 집성촌이다. 지금부터 얘기하고자 하는 귀래정도 여강이씨 일족과 관련이 깊다.

귀래정은 조선 중종 때 문과에 급제하고 병조좌랑, 예조정랑을 거쳐 홍문관 검교를 지낸 바 있는 지헌 이철명(止軒 李哲明)을 추모하여 1755년에 그 후손들이 다산리에 지은 정자이다. 본래 남쪽의 설창산(雪蒼山)과 서쪽 설계천(雪溪川)의 눈 설(雪)자에 착안하여 여섯 모로 결정을 이루는 눈꽃을 이르는 육화정(六花亭)이라 이름 지었으나, 기묘사화 때 벼슬을 버리고 고향으로 돌아온 지헌의 고고한 뜻을 기려 1936년부터 귀래정이라 고쳐 불렀다.

귀래정은 육각평면 구성으로 구조 결구법과 조원 구성의 독특성을 지니고 있어 한국 전통건축과 조원연구의 귀중한 자료로 평가되고 있는, 보기 드물게 아름다운 정자이다. 앞부분엔 마루를 놓았고 뒷부분엔 두개의 방을 만들었다. 전면과 후면, 측면의 마루높이를 모두 다르게 해 출입이 원만하게 하면서 입체감을 살렸다.

대문을 들어서니 바로 해자(垓子)에 걸린 다리가 나타난다.

정자에 이르는 길에 해자를 두르고 물로 경계를 이룬 곳은 드물다. 담양 명옥헌 앞에 있는 연못은 해자의 성격이 아니라 정자에 이르는 길을 운치 있게 하려는 장치이다.

우리 역사에서 해자라 하면 경주 월성(月城, 사적 제16호) 외곽에 둘러친 것과 같이 성으로 진입하려는 적을 방어할 목적으로 축조된 것이 대부분이다. 초기 백제시대 풍납토성의 해자도 군사목적으로 설치한 경우이다.

이와 같이 우리나라에는 해자가 그리 흔하게 나타나지 않는다. 산이 많은 나라인지라 성을 쌓아도 평지보다는 산에 쌓았기 때문에 해자보다는 절벽이 사용되었다. 반면 중국의 자금성, 일본의 오사카성, 히메지성 등의 해자는 규모가 크고 지금까지도 잘 보존되고 있다.

여기 한적한 마을에 있는 정자에 무슨 적이 침입할 것이며 침입하더라도 전면 8m, 측후면 3m 정도의 폭으로 둘러친 해자가 무슨 방어력을 갖출 것인가. 그렇다면 방어용은 아닐 터인데 정자 주위로 굳이 해자를 판 이유는 뭘까?

이 해자 장치는 상징성이 강하여 유교문화와 지헌에 대한 이해 없이는 접근하기 어렵다. 우선 유교문화는 건축이나 회화, 음악 등 모든 문화활동 면에서 사실보다는 관념에 대한 표현을 강하게 하는 특징이 있다. 특히 성리학자들은 유형적인 물질과 일상을 하찮은 것으로 여겼으며 무형적인 추상과 관념의 세계를 중요시했다. 유학자들에게 중요한 것은 건축으로 담을 수 있는 그 무엇이지 건축물 자체가 아니었던 것이다.

한편 47세에 임종을 맞은 지헌 이철명은 조정에 출사하여 그의 나이 43세 때에 기묘사화의 격랑에 휩쓸리다 벼슬을 버리고 고향으로 돌아온다. 지헌이 낙향할 때 지은 〈귀향부(歸鄉賦)〉를 보면 해자의 성격을 분명히 알 수 있다.

•

어찌하여 저 뭇 소인배들은 그만 임금의 마음을 미혹시켰는가?
소인배 몰아낼 힘 모자라고, 아무리 글 올려도 소용없네
아! 이처럼 구름이 밝은 해를 가리고 있으니 푸른 하늘 바라보면 한없이 울고 싶네

•

그는 해자 안에 거처하면서 해자 밖에는 구름을 두고 해자 안에는 밝은 해를 두고자 하였다. 어지러운 세상이 정자 안으로 침입하여 들어오는 것을 경계하였던 것이다. 방문객이 대문을 밀고 들어오다 부주의하여 자칫 실족이라도 할라 치면 해자에 떨어지게 되는데 이렇듯 바투

해자를 둔 것도 경계심을 늦추지 말라는 경고로 보인다.

•

정자 안에 든 지헌은 〈수분명(守分銘)〉을 짓고 좌우명으로 삼고자 했다.

•

守眞則誠 守口則訥 수진즉성 수구즉눌
진실로써 성실하고 말을 삼가야 한다
古之君子 自爲準則고 지군자 자위준칙
군자는 스스로 규범을 지켰으되
凡今之人 靡有繼述 범금지인 미유계술
지금은 이를 계승하는 이가 없다
亦不守分 紛趨利慾 역불수분 분추이욕
또한 분수를 모르고 이익에만 급급하며
욕심을 버리지 않으면 위험하고
從欲而危 妄動而辱 종욕이위 망동이욕
망령되이 움직이면 욕을 당하는 법이니
(중략)

我其書之 以警平生 아기서지 이경평생
내 이글을 써서 평생을 경계하리라

•

요즘같이 원칙도 분수도 모르고 말 많고 자기

이익을 추구하기에 급급한 세대들이 가슴 깊이 새겨 볼 금쪽같은 글귀가 아닌가 싶다.

·

다리를 건너며 해자를 보니 물이 깊지는 않으나 축대가 높아 깊어 보이고, 물속에는 수초가 많이 자라 어지러운 듯하나 거울같이 맑다. 해자는 정자의 전면과 측면에 북두칠성을 상징하는 ㄷ자로 파여 있고 축대 주변으로 다양한 야생화들이 자라고 있다(이제까지 해자라 했지만 기실 해자는 아니고 연당이라 해야 할 것이다.).

·

한 뼘도 안 되는 다리 옆면에는 담쟁이덩굴이 붙어 자라 건너편까지 이어지고 있다.

담쟁이덩굴은 바위나 나무 또는 담벼락에 붙어 자라는 식물로, 생명력이 강하여 도심 콘크리트에도 잔뿌리를 내려 잘 자란다. 번식하기 시작하면 담벼락 전체를 모두 덮어 딱딱한 벽이 푸른 잎으로 가득 차게 해준다. 이 다리도

머잖아 **담쟁이덩굴**로 덮여 오작교처럼 '구름
과 해'를 만나게 해줄 것이고 또한 경계를 이
룰 것이다.

　가을에 담쟁이덩굴에 단풍이 들면 대단히
아름답고 반짝이는 색채를 낸다. 그리 되면 다
리는 해를 떠받치고 지헌의 뜻을 밝게 기릴 것
이다. 소나무나 참나무를 곧게 타고 올라간
담쟁이덩굴은 수 미터 이상 올라가기도 한다. 오
래된 것은 지름이 어른 팔뚝 정도 굵기로 자라는
데 중간에 잔가지를 치면서 함께 뻗어 나아가기
도 하니 그 때에 다리는 장관을 이룰 것이다.

·

흔히 덩굴식물은 다른 나무를 시계방향이나
반시계 방향으로 감고 올라가는 것이 특징인데
반해서 담쟁이덩굴은 나무의 껍질을 타고 마디
마다 접착성이 있는 잔뿌리를 내리면서 곧게 뻗
어 기어간다. 잎은 가을에 지지만 줄기는 겨울
에도 말라죽지 않고 살아 있어 지헌의 곧고 매
운 기질을 암시해 줄 것이다.

　지헌이 세상을 등지고 일생을 반추하면서
인생의 의미를 확인해 가는 동안 등 뒤의 세상
은 더욱 깜깜해지고 하늘은 아득히 멀어져 갔
다. 그래도 매번 바람결에 들려오는 햇님 나라
의 얘기는 가슴을 아릿하게 만들었다.

·

담쟁이덩굴의 독법

나혜경

손끝으로 점자를 읽는 맹인이 저랬던가
붉은 벽돌을 완독해 보겠다고
지문이 닳도록 아픈 독법으로 기어오른다
한번에 다 읽지는 못하고
지난해 읽다만 곳이 어디였더라
매번 초심으로 돌아가
다시 시작하다 보면 여러 번 손닿는 곳은
달달 외우기도 하겠다
세상을 등지고 읽기에 집중하는 동안
내가 그랬듯이 등 뒤 세상은 점점 멀어져
올려다보기에도 아찔한 거리다
푸른 손끝에 피멍이 들고 시들어버릴 때쯤엔
다음 구절이 궁금하여도
그쯤에선 책을 덮어야겠지
아픔도 씻는 듯 가시는 새봄이 오면
지붕까지는 독파해 볼 양으로
맨 처음부터 다시 더듬어 읽기 시작하겠지

·

정자에 오르기 전에 해자를 둘러보기 위해 오
른쪽으로 돌아가니 해자 안은 **왜개연꽃**으로
가득하다. 뿌리줄기 끝에서 나온 넓은 달걀 모
양의 잎이 해자를 가득 메우고 있다. 8〜9월에
노란색으로 피는 꽃은 아직 피지 않고 있으나

담쟁이덩굴

포도나무과에 속하는 여러해살이풀이
다. 바위 등에 붙어서 자라는 목본성 덩
굴식물로서 동아시아가 원산지이다.
꽃은 작고 황록색이라 눈에 잘 띄지 않
으며 잎 반대쪽에 모여서 핀다. 작은 열
매는 푸른빛을 띠는 검은색으로 새들
이 먹는다.

왜개연꽃

수련과의 여러해살이풀로 연못이나 늪에서 자란다. 뿌리줄기가 굵고 진흙 속으로 넓게 벋는다.

제비꽃

머잖아 물 위에 긴 꽃자루를 올리고는 지헌의 뜻으로 한 송이, 한 송이 피워 낼 것이다.

．

해자의 건너편 축대는 **마삭줄**로 덮여 있고 간간이 뽀리뱅이, 지칭개, 땅빈대 등 잡초들이 섞여 있다.

．

해자에 빠질세라 조심해서 다리를 건너 정자에 오른다. 밖에서 보기에도 아름다웠지만 정자 안에 들어와 기둥, 보, 도리 등을 살펴보니 섬세

하게 손질된 재목들은 두께와 길이에 있어 비례에 잘 맞고 자연스럽게 다듬어져 있으며 작은 정자이지만 익공까지 넣었다. 익공은 모두 안쪽을 향해 결구되어 있는데, 그 이유에 대해 동행한 이시인은 '너 자신을 알라'라는 의미라 하며 웃는다.

두개의 방은 사랑채와 같은 역할을 할 수 있는 충분한 공간을 가지고 있고 창호도 단정한 모습이다.

．

정자 뒤로 나있는 문을 열고나오니 널찍한 마

274

마삭줄

협죽도과에 속하며 '마삭나무'라고도 할 만큼 남부지방의 산기슭이나 숲 속에서 잘 자라는 늘 푸른 덩굴나무이다. 바위를 기어오르거나 큰 나무 줄기에 붙어 올라가며 길이 5m 안팎으로 벋는 유독성식물이다. 적갈색 털이 있는 줄기에서 뿌리가 내려 다른 물체에 잘 붙는다. 잎은 가죽질이며 녹색으로 윤기가 나서 실내에서 기르면 일년내내 푸른 잎을 볼 수 있다. 꽃은 5~6월에 피는데 흰빛에서 노란빛으로 변하며 향기가 좋다. 꽃잎 5장은 나선 모양으로 깊게 갈라져 팔랑개비 모양이다. 줄기와 잎에 털이 없는 것은 민마삭줄이라 하여 관상용으로 즐겨 기르며, 전체가 대형인 것을 백화등(白花藤)이라 한다. 정원의 적소에 몇 가지 종류를 심어놓으면 변화를 즐기기에 매우 좋다.

당 뒤편에 기와로 지은 안채와 모옥의 헛간채가 ㄱ자로 배치되어 있다.

마당 오른쪽 담 밑으로 가니 발밑에서 무수히 많은 **제비꽃**들이 지지배배 소리를 내고 있다. 이들 대부분은 호제비꽃인데, 길쭉한 이파리들이 싱그럽다. 이른 봄이면 고향의 밭둑이며 양지쪽 언덕배기에 키가 난쟁이처럼 작달막하면서 잎이 길쭉하고 보라색으로 앙증맞게 피는 제비꽃을 흔히 볼 수 있다. 제비꽃이 피는 이른 봄은 춘궁기여서 양식이 거덜 난 오랑캐들이 쳐들어오곤 했다 하여 오랑캐꽃으로 불리기도 한다. 해마다 봄이 되면 백성들은 자연스럽게 외적이 쳐들어오는 것을 경계하는 마음이 생기게 되었다. 그 많은 외침 속에서도 국가를 유지시켜 온 것은 그러므로, 제비꽃의 공도 적지 않으리라.

봄에 산나물을 캐러 산과 들로 나가면 이 제비꽃을 쉽게 볼 수 있어 이 꽃으로 꽃반지, 꽃목걸이도 만들고 어린잎을 따서 나물로 무쳐 먹기도 했다. 호승심이 있는 시절의 아이들에게 제비꽃은 좋은 싸움도구였다. 갈고리처럼 생긴 꽃꼭지를 서로 얽어 잡아당기면 약한 꽃이 끊어져 지게 되는데, 이 놀이를 꽃싸움이라 했다. 제비꽃을 씨름꽃, 장수꽃이라 하는 것은 이 때문이다.

삼괴정
경북 경주시 강동면 다산리

귀래정을 돌아본 후 같은 마을에 있는 삼괴정(三槐亭)으로 향했다. 삼괴정은 조선 선조 25년(1592) 임진왜란 때 경주에서 의병을 일으킨 동호 이방린(東湖 李芳隣)과 유린(有隣), 광린(光隣) 삼형제를 기리기 위해 7대손인 이화택이 순조 15년(1815), 괴나무(느티나무)가 심어진 고당 터에 세운 정자이다. 과거에는 정자 전면에 연당이 있어 운치를 더하였다 하나 지금은 흔적조차 남아 있지 않고 잡초만 무성하다.

대문 앞에 이르러 대문과 정자를 가늠하자니 평지에 차분하게 앉힌 귀래정과는 달리 경사진 곳에 석축을 쌓아 조성한 부지 위에 돌담을 쌓고 기와를 얹어 다분히 위압적인 기세를 갖추었다. 귀래정이 섬세하고 단아한 모습의 선비라면 삼괴정은 우람하고 당당한 무신이라 하겠다.

•

담장 너머로 보이는 배롱나무에는 대의 앞에 열렬하게 대처하는 삼형제의 충절에 호응하며 오색 기치를 높이 든 군사들처럼 붉은 꽃들이 와글와글 피어 있다. 마치 동호 이공이 칼을 차고 대문간에 서있고 그 뒤에서 환호하는 군사들의 모습 같다. 동호의 삼형제는 목숨을 초개같이 여기고 의병을 일으켜 국난 수호에 앞장섰다. **배롱나무**의 붉은 꽃보다도 진한 피를 개화하는 백일보다도 긴 날들 동안 묻히고 지냈다. 배롱나무가 적절한 곳에 잘도 심어져 있는

셈이다.

배롱나무는 목백일홍이라고도 하는 부처꽃과의 목본성 식물로 원산지는 중국이다. 작은 꽃들이 차례로 피고 지면서 100일간 개화를 하여 꽃이 귀한 한여름을 풍미하니 옛 건물이나 산소 주변에 즐겨 심어왔다. 특히나 담양 명옥헌처럼 선비들이 풍류를 읊는 곳이면 배롱나무 한 그루쯤은 꼭 있었다.

선방의 수행 스님들 곁에 마음 산란하게 붉은 백일홍나무를 심는 이유가 있다. 스님들은 90일 동안의 하안거(夏安居) 때만 용맹정진 하는데, 백일홍나무는 백일 동안 흐트러지지 않고 정진하기 때문이다. 그래서 스님들은 목백일홍을 부처꽃이라 보고 혼신의 힘을 다하여 매일매일 자신의 꽃을 피우려 한다.

그러나 제아무리 부처꽃이라 하나 사람의 피만큼이야 귀하겠는가, 동호의 피만큼이야 붉을 것인가.

•

선운사 배롱나무 夏安居에 들다

송정란

올해도 저 허공에 던져둔 화두를 향해
굵직한 가부좌로 틀어 앉은 목백일홍
漸悟行, 오랜 修行으로 굽은 가지,
삼매에 들다

•

대문을 들어서자마자 정자 위로 올라 건물의 구조부터 살펴본다. 헌앙한 처마선과 가지런한 난간의 모양은 가히 일호의 차착(差錯)도 없이 도열한 동호 군사들의 엄정한 기율 같다.

•

삼괴정은 뒷산을 등에 지고 정남향으로 터를 잡아 대지 형상에 순응하여 기단을 쌓은 후 ㄱ자형 평면에 전면을 다락집 형태로 꾸민 독특한 중당협실형 정자이다.

ㄱ자형 평면은 방과 대청마루 및 대청 뒤 2칸의 마루로 연결되어 있으며 출입은 뒷마루를 통하도록 되어 있다. 앞에는 툇마루가 있고 마루 밑에는 굵은 원기둥을 세웠으며 그 위에 작은 원기둥과 마루 위 중앙 세 곳에 팔각기둥을 세워 건물의 격을 높였다.

마루에 앉아 대문 너머로 보이는 강동 들판을 보니 동호 살아생전 그토록 염원했던 평화는 대기 중에 가득하고, 안정은 초록 벌판에 널리 퍼져 있다.

•

삼괴정은 중앙 3칸 마루를 중심으로 좌우에 온돌방을 배치하고 어칸 뒤쪽으로 바닥을 두 자 정도 높인 마루방 2칸을 덧붙여지었다. 어

칸 뒤쪽 2칸 마루방 상청(喪廳)에는 이방린 공을 모시고, 좌측 온돌방은 '필경재(必敬齋)', 우측 온돌방은 '포죽헌(苞竹軒)'이라 이름 짓는 등 이공을 상징하여 실을 배치하였다. 양측 온돌방과 대청에는 분합문을 달고 상청에도 분합문을 단 흔적이 남아 있어 각 실이 독립성과 개방성을 지니도록 설계했음을 알 수 있다.

•

마루 아래로 내려가 정원을 산책한다. **초롱꽃**은 져서 이파리만 무성하고, 옥잠화는 한창이다. 옥잠화의 꽃은 무척 흰데, 그냥 흰 것이 아니라 그 속에 여유를 지니고 있어 푹신한 느낌까지 든다. 발을 옮길 때마다 맑고 깊은 향이 코끝을 스치니 이는 동호의 넋일지도 모른다. 단순하고 넓어 시원한 느낌을 주는 잎 사이에 올라온 긴 줄기 끝, 하얗고 길쭉한 꽃이 피어 있다. 선녀가 떨어뜨리고 간 옥비녀란다.

옛날 피리의 명인이 밤에 정자에서 피리를 불고 있는데, 월궁항아(月宮姮娥)가 그 피리 소리에 도취되어 정자까지 내려와 새벽이 다 되도록 심취한다. 그에 떠나려 하자 명인이 서운한 마음에 기념할 만한 물건을 달라 하고 항아는 머리에 꽂았던 옥비녀를 뽑아 건네주었는데 그만 땅에 떨어져 깨져버리고 그 자리에 피어난 꽃이 옥잠화란다.

옥잠화는 꽃대 끝에 여러 송이의 꽃이 달리는데 아침에 피었다가 해가 지면 시든다. 계

배롱나무

낙엽성 교목. 키는 3~7m 정도로 그리 크지 않다. 꽃은 7~9월에 걸쳐 피며 10월이 되면 둥근 열매를 맺는다. 추위에 약해 중부 이남에서만 자라며 햇빛을 좋아하기 때문에 양지 바른 곳에 홀로 서서 무수히 많은 가지를 뻗고 우산 모양의 꽃을 피우는 경우가 많다. 매년 좋은 꽃을 피우기 위해서는 꽃이 진 뒤 꽃꼬투리를 따주어야 한다. 그렇지 않으면 열매를 맺어 양분을 빼앗기기 때문에 이듬해 꽃이 피지 못한다. 또한 가을에 꽃이 피었던 가는 가지를 아래 쪽 10~15cm만 남기고 잘라주어야 이듬해 그 곳에서 새 가지가 자라나 꽃이 핀다.

초롱꽃

속해서 꽃눈이 자라므로 초여름부터 늦여름까지 꽃을 볼 수 있다. 옥잠화 꽃은 피어 있을 때의 모양도 보기 좋지만 피기 전의 터질 듯한 봉오리도 매력적이다. 꽃의 향기가 그윽하고 진해서 진달래처럼 옥잠화 화전을 부쳐 먹기도 하였고, 근래에는 옥잠화 꽃에서 추출한 향수가 개발되기도 하였다.

강동 다산리를 돌아보니 귀래정의 여강이씨 문중이나 삼괴정의 청안이씨 문중 모두 한쪽은 문신을 다른 한 쪽은 무신인 훌륭한 어른들을 두었다. 그런가 하면 그 어른들 또한 믿음직한 후손을 두어 전날의 영화나 비분강개를 잊지 않고자 단아하거나 늠름한 정자를 지어 대를 물려 이어가고 있다.

그 한켠에서 배롱나무는 점오행(漸悟行)을 하고 옥잠화는 향을 널리 퍼뜨리고 있었다.

제5장 기타 정원

사찰의 전통조경에 있어 야생화가 뚜렷한 자리를 잡은 경우를 보기는 드물다. 다만 고즈넉한 산사에 수국이나 연꽃, 붓꽃, 불두화 등의 야생화를 심어 놓고 수행 중에 휴식과 맑은 즐거움을 느낄 수 있도록 조원해 놓은 곳은 많다. 근자에는 새로운 사찰을 건립할 때 경내를 온통 구절초로 조원한다든지 연못을 파고 연꽃을 심는 등 우리 야생화를 접목시키는 경우가 늘고 있다.

온양민속박물관

충남 아산시 권곡동

온양이 아산시로 통합된 지도 오랜 전 일이다. 아산시에 자리 잡고 있는 민속박물관은 1978년에 세워졌으니, 오랜 연조(年條)를 지녔다. 쌓인 세월만큼 박물관의 내외체계도 단단하게 자리 잡혔어야 하는데, 어찌된 연유인지 박물관 안으로 들어가면서 보이는 풍정(風情)은 이전보다 못하고 오히려 황량하기까지 하다. 입구인 설화문(雪華門)에 들어서서 짙은 녹음을 이루는 숲 사이의 길을 따라 오르다보니 석상들이 요소요소에 설치되어 있는 가운데 정원수들은 오랫동안 손질이 안 되어 있다. 야생화들의 단아하고 풍성한 맛은 가시고 없으며, 연못의 정자와 물만이 의연할 뿐 정원은 연전에 비해 초라하기 그지없다.

의아한 점은 접어두고 박물관 안의 기본 풍정이야 어디 갔겠나 하고 이곳저곳을 어슬렁거리다 다리를 건너 정자에 오르니 연못의

해당화

장미과에 속하는 낙엽 활엽관목이다.
바닷가의 모래땅이나 산기슭에 자라
고 관상용으로 많이 심는다. 키는 1.5m
에 달하며 뿌리에서 많은 줄기가 나와
큰 군집을 형성하여 자라는 특성이 있
다. 줄기에는 갈색의 커다란 가시, 가시
털, 융털 등이 많이 나있고 가지를 많이
친다. 잎은 7~9장의 잔잎으로 이루어
진 깃털 모양이며 겹잎이다. 꽃은 5~7
월에 피고 가지 끝에 1~3개씩 달리며
주로 홍색이지만 흰색도 있다. 꽃잎은
5개이고 열매는 편구형 수과로서 지름
2~3cm이고 붉게 익으며 먹을 수 있다.
줄기에 털이 없거나 작고 짧은 것을 개
해당화, 꽃잎이 겹인 것을 만첩해당화,
가지에 가시가 거의 없고 잎이 작으며
주름이 적은 것을 민해당화, 흰색 꽃이
피는 것을 흰해당화라 한다.

모양이 한눈에 들어온다. 비교적 크고 널찍한
연못 안에는 수석들이 드문드문 놓여 있는데,
특이하게도 해태상 하나가 물 가운데 놓여 있
다. 이 고장은 예부터 불이 자주 나서 사람들
은 불조심에 상당히 관심을 기울였고, 불을 예
방하는 해태를 연못 안에까지 세워두게 된 것
이다.

정자에 붙어 앞으로 돌출되어 있는 작은 전각
에 오르니 전각 앞의 두 기둥이 물 속에 드리워
졌기 때문인가 배를 타고 호수를 둘러보는 기
분이 든다. 호수 주변은 크고 작은 자연석으로
석축을 돌렸고, 돌 사이에는 눈향과 야생화들
을 심어 전통조경의 멋을 표현하고자 하였다.
개인 박물관의 조경이 이 정도라면 그간 꽤 많
은 노력을 들였을 터이나 손질이 안 된 모양이
안쓰럽다.

온양민속박물관은 옛 조상들의 생활풍습
이 잊혀 가는 현실을 안타까워하던 김원대 계
몽사 전 회장이 후일 역사연구와 학술자료로
이용될 자료를 수집해 보존할 박물관의 필요
성을 절감하고 조성한 곳이다. 유형의 민속자
료를 체계적으로 수집·보존·전시하고 있는데,
국내에서는 규모나 수집품 면에서 으뜸가는
민속박물관의 하나이다.

박물관에 전시된 유물들은 2만여 점에 이
른다. 그러다보니 박물관의 시설규모가 대지 2

만5천 평에 건축면적은 본관 1천9백 평, 부속 전시관 7백 평, 기타 시설 7백 평을 포함하여 도합 3천3백 평이나 된다. 그만큼 공부거리가 많은 곳이다.

•

다리 왼쪽에 보이는 연못 위에는 초가로 지은 물레방앗간이 나무들 사이에 단정하게 서있고, 연못 안에는 듬성듬성한 돌들 사이에 수련이 피어 운치를 더해 준다.

•

연못을 지나 물레방아, 연자방아 등이 설치되어 있는 곳을 지나니 너와집이 나온다. 집 옆 장독대에는 이런저런 모양의 장독들이 늘어서서 유복함을 대변하고, 그 앞에는 때 아닌 문인석 하나가 시립해 있다. 이 석상 뒤로는 **해당화** 한 무더기가 풍성하게 자라고 있는데, 문인석에게 시절 따라 메시지를 전하는 모양이다

박물관 내부는 상설전시실 세 곳과 특별 전시실로 나뉘어 있다. 상설전시실은 한국인의 일생과 의식주가 전시된 제1전시실(한국인의 삶)과 생업과 관련된 제2전시실(한국인의 삶터), 민속공예와 신앙대상물, 놀이와 세시풍속에 관련된 물품들이 전시되어 있는 제3전시실(한국인의 아름다움)로 구성된다.

특별전시실은 평상시에 민화를 상설전시하다가 필요시에 특별전을 개최한다. 이곳에 있는 민화는 무명화가의 그림으로, 장식적이기보다 자유롭게 자신들의 의식세계를 그려내고 있는 점이 돋보인다.

박물관 이곳저곳을 돌아보다 마지막으로 눈에 띈 것은 물이 빠진 연못과 그 주변의 야생화들이다. **붓꽃**은 이미 져서 굵고 튼실한 씨를 맺었고, **맥문동** 또한 검푸른 씨를 달고 있다. **수국**과 **병꽃나무**들은 무더기로 자라 한 시절 풍성하고 살가운 꽃을 피우곤 졌다.

아산민속박물관에는 야생화가 충분히 갖추어져 있지 않았고, 그나마 있는 것들도 다소 볼품없게 식재되었다. 민속박물관이라는 이름에 걸맞게 우리 전래의 다양한 야생화들이 곳곳에서 소담한 모습을 보이면 얼마나 좋을까 하는 생각이 들었다.

물레방앗간 옆에 **미나리아재비**가 반짝반짝 빛나고 석등 아래 **좀꼬리풀**이 가지런히 보라색 꽃을 피우며, 연못가에 노랑꽃창포가 어우러지면 박물관은 생기를 띠고 아이들은 즐거워할 것이다. 이러한 공간 말고 어느 곳에서 야생화들이 저들의 자태를 뽐낼 것이랴.

붓꽃

맥문동

수국

병꽃나무

미나리아재비

좀꼬리풀

수종사

경기도 남양주시 조안면 운길산

뱀딸기

지느러미엉겅퀴

좁쌀풀

팔당대교를 건너서부터는 줄곧 한강수를 옆에 끼고 왔다. 이제부터는 운길산의 가파른 산길이다. 녹음이 우거진 산길은 호젓하여 새소리가 더욱 청량하게 들린다. 이내 수종사(水鍾寺)에 닿았다.

일주문을 지나 절에 오르는 계단 옆 석축에는 **뱀딸기**가 이리저리 늘어져 있고, 돌 틈에는 고사리들이 박혀 있다. 산이 점점 더 깊어진다는 뜻이다. 잠시 둘러본 계곡에는 애기똥풀, 노루삼, 왜지치, 반디지치, 덩굴딸기, 노루오줌, 참꽃마리, 지칭개, 물레나물, **지느러미엉겅퀴**, 광대싸리, 장대나물, 산괴불주머니, 큰까치수염, 현호색, 어수리, 산수국, **좁쌀풀**, 개별꽃, 물봉선, 담쟁이덩굴 등이 보인다.

•

〈동국여지승람(東國輿地勝覽)〉을 찬술(撰述)한 서거정(徐居正)이 '동방의 사찰 중에 제일의 경관'이라고 감탄했다는 수종사 마당에 섰다. 발아래 저 멀리 두물머리를 내려다보니 강물은 사방에서 모여들고 물 이내는 자욱하여 도시 선계가 따로 없다.

다산 정약용이 나이 스물하나에 수종사를 유람하면서 쓴 시 〈춘일유수종사(春日遊水鐘寺)〉 한 구절에 '엷은 그림자 먼 밭에 떠있다(輕陰汎遠田경음범원전)' 하였는데, 아마 이 자리에서 느낀 감흥을 피력한 것이리라.

•

봄날 수종사에서 노닐다

정약용

고운 햇살 옷깃에 비추어 밝은데
옅은 그림자 먼 밭에 떠 있다
배에서 내리니 자유로워 기분 좋고
골짜기에 들어서니 그윽하여 즐겁구나
바위 풀 교묘하게 단장하였고
산 버섯 둥글게 불끈 솟아나왔네
아스라한 강변에 어촌이 보이고
위태로운 산머리엔 절간이 붙어있다
생각이 맑아지니 사물이 경쾌하게 여겨지고
몸이 높아지니 신선이 멀지 않구나
안타까운 것은 뜻 맞는 길손이 없어
현묘한 도 찾는 토론을 못함이로다

•

무릇 지세 따라 인물 나니 선계(仙界)인 곳에는 신선이 살아야 제격이다. 이 땅의 신선이야 고운 최치부터 시작해서 무수히 많을 터이나 수종사와 관련해서는 정다산과 초의선사 그리고 김추사를 들지 않을 수 없다. 수종사에는 삼정헌(三鼎軒)이란 차실이 있다. 다성 초의선사와 다산 정약용, 추사 김정희를 솥의 세 다리에 비유해서 붙인 이름이다. 수종사에는 차나무가 자라지 않고, 따라서 차꽃도 볼 수 없다. 그럼에도 불구하고 차실을 갖추게 된 것은 위 3인의 차에 관한 행적이 범상치 않음은 물론, 다선서(茶禪書)를 대표하는 이들이 수종사에서 교류한 것을 기리기 위함이다.

다산은 추사나 초의보다 24세가 연상이었다. 이들은 공통적으로 차를 좋아하였는데, 차로 인하여 강진의 궁벽한 곳에서 나이와 신분을 초월한 무애의 청교로 우의를 다지게 된다. 다산이 차를 배운 혜장스님을 처음 만난 곳이 강진 만덕산 백련사였고, 적소를 귤동으로 옮겼을 때는 초의가 백련사에 기거하여 서로 자주 만나 차를 나눈다. 인연의 고리는 다시 차로 이어져, 말년에 운길산 아래 고향에 내려와 있던 다산은 수종사에서 추사와 초의를 만나 차를 한다.

종소리 울려 퍼졌다던 그 석간수로 차를 다려 마시며 발아래 펼쳐지는 동방가람 최고의 풍치를 감상하면서. 종소리 들려온 동굴은 사라졌지만 그 석간수만은 지금도 산신각 아래 보존돼 있어 매일 세 차례 예불 때 부처님께 차를 올리는 다게에 쓰이고 있다.

•

석간수 위 돌 틈에는 **거북꼬리**가 늘어져 있다. 거북이는 200살을 족히 살고 그 껍질 위에 새긴 글도 인류 역사를 따라 수명을 함께 해왔으며 하찮은 풀인 이 거북꼬리도 저 먼 옛날부터

거북꼬리

도태되지 않고 번식해왔다.

물 한 잔을 마시면서 보는 거북꼬리로부터 신선들의 교류는 하도낙서(河圖洛書)만큼 수명이 길다는 것을 읽는다.

•

수종사는 조선 세종조 때에 창건하였는데, 세조 4년(1458)에 어명으로 중창하였다. 36세에 계유정난을 일으켜 옥좌에 오른 세조는 민심을 얻기 위해 불사에 힘을 쏟았다. 어느 해, 세조는 오대산 기도를 마치고 북한강을 따라 뱃길로 환궁하다 이 곳 두물머리에서 묵게 되었다. 그날 밤 멀리서 울리는 맑고 은은한 종소리

에 가슴이 명징(明澄)해짐을 느낀 세조는 날이 밝자 소리의 진원지를 찾아 나섰다. 그러나 진원지는 찾을 수 없었고 대신 작은 암굴에 모셔진 16나한을 발견하였다. 자세히 보니 굴 천장에서 떨어지는 물소리의 울림이 바로 어제 듣던 소리였다. 그리하여 이 자리에 절을 짓고 왕실의 원찰로 삼았다.

대웅전 앞뜰의 파초 잎이 시원스럽다. 이처럼 대웅전 주변에 파초를 심어놓은 사찰들이 많이 보이는 이유가 뭘까. 파초는 파초과에 속하는 다년생초로서 중국이 원산지이다. 한국에는 고려시대의 〈동국이상국집(東國李相國集)〉에 파초를 뜻하는 초(蕉)가 실려 있는 점으로 미루어 보아 1200년경에 들어온 것으로

산수유나무

층층나무과의 낙엽교목으로 한국, 중
국 등이 원산이며 중부 이남에서 많이
자란다. 내한성이 강하고 생장이 빠르
며, 싹트는 힘도 왕성하고 전정에도 잘
견디어 절화용으로 가지를 잘라도 곧
수형이 회복된다.
산수유나무와 비슷하면서 같은 시기
에 피는 생강나무는 꽃송이가 하나이
나, 산수유나무는 여러 꽃송이가 모여
한 송이의 꽃자루같이 보이는 것이 다
르다. 구례 산동, 이천 백사, 경북 의성
의 산과 골짜기 곳곳에서 볼 수 있는데,
열매를 특산품으로 출하하고 있다.

산국

가을의 마지막을 장식하는 산국은 버릴 것이 하나도 없는 야생화다. 봄의 새싹은 나물로 데쳐 먹고 여름의 무성한 잎은 솎아서 떡을 해먹거나 생즙을 내어 마시기도 한다. 가을에 만개한 꽃잎은 따서 술과 차, 떡을 할 때 쓰거나 말려서 베개와 이불 속에 넣어 단잠을 청할 수도 있다. 줄기와 뿌리는 말려서 약으로 쓴다. 꽃 또한 말려서 달여 먹으면 머리가 아프고 어지러울 때, 고혈압과 중풍환자에게 좋다.

추정하고 있다. 파초는 1월 평균기온이 -2℃ 이상인 지역에서만 집 밖 월동이 가능하니 이곳에서는 노지월동이 안 된다. 그러니 여기서 겨울을 나려면 비닐로 싸는 등 각별한 관리를 해주어야 한다. 그런 만큼 아래 시인은 머리맡에 두어 추위를 피하게 한다.

이렇듯 힘들여 파초를 기르는 이유는 잎이 시원스럽고 보기 좋아서라기보다는 대웅전 안의 부처님이 생전에 즐겨 보던 남방의 야생화이기 때문이다. 할머니 무덤가에 할미꽃을 심는 이유와 같은 것이다.

•

芭蕉 파초

김동명

조국을 언제 떠났노,
파초의 꿈은 가련하다

남국을 향한 불타는 향수,
너의 넋은 수녀보다도 더욱 외롭구나

소낙비를 그리는 너는 정열의 여인,
나는 샘물을 길어 네 발등에 붓는다

이제 밤이 차다,
나는 또 너를 내 머리맡에 있게 하마

나는 즐겨 너를 위해 종이 되리니,
너의 그 드리운 치맛자락으로
우리의 겨울을 가리우자

•

차에 관련한 내력이 있는 수종사에 와서 차 한 잔 아니 할 수 없다. 삼정헌에 들어서니 차탁 여러 개가 가지런히 배열되어 있다. 한 자리를 차지하고 차호의 녹차를 내어 다관에 넣고 뜨거운 물을 붓는다. 차가 우러나오는 동안 창밖의 풍광에 눈을 돌리니 구름 위에 떠있는 듯, 솜털 방석 위에 앉아 있는 것만 같다. 세상은 저 아래 멀리 있고, 눈 가까이에는 **산수유나무**가 참새 혓바닥만큼이나 작은 이파리들을 뾰족하게 내밀고 있다. 찻잔에 차를 따라 한 모금 넘기니 눈이 시원해지고 머리가 맑아진다.

차 한 잔을 마시고 나와 은행나무 고목 있는 곳으로 가다보니 석축 아랫자락에 **산국**이 모여 자라고 있다. 키가 꽤 커서 머잖아 가을이 오면 노란 꽃다발을 한아름 내밀면서 향을 맡아보라고 권할 태세다.

사찰을 한 바퀴 돌아 나오면서 삼정헌 옆마당에 서서 내려다보니 저 아래 두물머리는 아직도 물이내에 덮여 꿈을 꾸고 있고, 은은하게 코끝을 간질이는 차향은 몸을 구름 위로 두둥실 띄운다.

쌍계사

경남 하동군 화개면

쌍계사를 방문한 시절은 마침 한여름이라 봄날의 화개골 십리 벚꽃길은 가버린 지 오래다. 그러나 벚꽃길이 뭔 대수랴, 우리나라에서 제일 멋진 담장길이 있지 않은가! 여기 올 때면 늘 잊지 않고 나는 이 담장 위에 마음을 올려놓고 기도를 한다. 길 따라 자연스럽게 쌓은 담장은 역설적으로 거스르는 일이 얼마나 불편한가를 말해주고 자체로는 낮으나 살짝 높은 지대에 쌓은지라 넘겨다 볼 수 없으니 그 또한 감탄스럽다. 여기 있던 큰 자연석으로 터를 다져 올리고 작은 돌들로 기단을 쌓은 뒤 그 위에 흙과 기와를 차곡차곡 쌓아올린 모양새는 안정감과 단정함을 갖추고 있어 그냥 지나치지 못하게 한다.

사람이 한 일이 하나는 대웅전이 되고 다른 하나는 담장이 되었다. 대웅전이야 일류 목수들이 굵은 재목을 재단하여 기둥과 대들보를 잇고 문살에는 섬세하고 정교하게 꽃 새김을 하였지만, 담장에는 지리산 노루와 사슴들이 달려들어 어머니 치맛단같이 둥글고 부드러운 선으로 기와날개를 붙여 흐트러짐 없는 마음을 내보이고 있다. 대저 인류가 자연을 상대로 우월한 것은 무엇인지 생각하게 한다.

대웅전에는 연화, 목단 등의 무늬를 넣어 화려하고 장엄하게 채색하고 배흘림기둥 위에는 창방, 평방, 외사출목, 내오출목을 배열하여 변화와 기교의 극치를 보이고 있으나, 담장에는 그저 수수한 이끼만 끼어 있는데도 내비치는 마음은 풍성하고 머리를 맑게 하니 조화치고는 상 조화다.

담장 곁으로 바짝 다가가서 돌 속에 박혀 있는 산신령을 보고자 하니 물결처럼 잘게 갈라진 푸릇한 이끼가 출렁거리며 형상을 지운다. 덩굴식물 한 줄기가 이끼 사이를 비집고 지나가며 둥근 이파리들을 여기저기 내밀어 이끼의 환영을 덮는다.

그러고 보니 추상화가다, 이끼는. 다른 식물들은 여러 가지 화려한 전략을 구사하며 벌, 나비를 불러 모으기도 하고 무늬나 단풍으로 바람도 낚아채지만 이끼는 돌과 나무와 흙 사이에서 취한 습기로 가지런하고 단조로운 모습을 갖추는 것만으로 숲 전체를 환상으로 이끈다.

쌍계사 이끼들의 표정은 다양하다. **이끼**는 일
반적인 식물들보다 훨씬 간결하고 원시적이며
그래서 더욱 순수하여 알 수 없는 시원에 대한
상상력을 일으키게 한다. 이런 터에 담장 아랫
부분의 돌에 낀 이끼는 담장 전체에 고태미를
더해주고 숲, 나무, 우물가에 핀 이끼들은 자리
에 따라 상이한 표정을 짓는다.

양지 바른 자리에 세운 여느 기와집이라면 기와

에 이끼 피는 일은 없을 것이고 대신 뙤약볕 아
래에서 자라는 와송이 솟아날 것이다. 그러나
쌍계사는 지리산 깊은 골에 위치한 절집이다 보
니 담장 위로 뻗은 나뭇가지 아래의 기와에조
차 양털이끼가 피어난다. 숲이 늘 음습하다는
증거다. 그늘지고 습기가 많은 숲 속의 경관은
이색적이다.

요사채의 담장은 쌍계사 골짜기의 막돌을 주워
다 이 지역에서 나는 거무스름한 빛을 띠는 흙
과 함께 쌓아 시골 마을 담장처럼 구수하게 생

이끼

백화등

백화등은 높은 산의 고목이나 바위에
붙어 자라는 여러해살이식물이다. 꽃
은 5~6월에 새로 자란 가지 끝에 취산
꽃차례로 달린다. 꽃의 지름은 2~3㎝
이며 흰색에서 노란색으로 변한다. 본
종인 마삭줄에 비해 전체적으로 크고
잎이 둥글다.

돌이끼

이끼는 돌이끼, 솔이끼, 뱀이끼, 우산이끼 등 종류가 많다. 일반적인 이끼들이 초록색을 띠는 반면 돌이끼는 은회색 빛을 띤다. 이끼들은 대개 그늘지고 습기가 많은 곳에 사는데 비해 돌이끼는 양지, 그것도 땡볕이 드는 곳, 그도 모자라 척박한 바위 겉딱지에서 산다. 돌이끼는 곰팡이와 '광합성을 하는 미생물'의 공생체이기 때문이다. 곰팡이는 광합성 미생물에 기생하여 영양분을 얻거나 죽은 광합성 미생물로부터 영양분을 얻기도 한다. 광합성을 하는 미생물은 곰팡이에 둘러싸여 있기 때문에 강한 햇빛이나 건조한 환경으로부터 보호를 받게 되고 물과 무기물도 곰팡이로부터 무상원조를 받는 것이다. 그렇게 하여 돌이끼는 매우 느린 속도로 성장하는데, 1년에 몇 밀리미터밖에 자라지 않는다. 죽는 것도 느려 수백 년 이상을 살아간다.

겠다. 그래도 날개기와와 용마루는 단정하게 이어놓아 절집 분위기가 흐트러지지는 않고 있다. 담장에 쌓은 돌 위에는 특이하게도 퇴색한 **돌이끼**가 끼어 시간을 정지시키는 듯한데, 담장 앞에는 꽃분홍색 봉숭아가 가지런히 피어 생동감을 준다. 묘한 조화다.

·

대웅전 뒤의 땅바닥과 축대에는 녹색의 이끼가 융단처럼 깔려 있다. 손바닥으로 살짝 눌러보니 폭신하고 따스하다. 부처의 자비가 이끼에도 미치는가.

·

이끼부처 - 벵갈의 낮과 밤 8

고진하

이끼가 초록초록 돌부처 몸에 돋아 있으니
이끼부처라 부르면 되겠니
이끼가 초록초록 돌부처 몸에 돋아 있다고
초록부처라 부르면 되겠니
이끼에 초롱초롱 이슬방울이 맺혀 있으니 이
슬부처라 부르면 되겠니
이끼가 뽀송뽀송 말라 햇살이 감싸고 있으니
햇살부처라 부르면 되겠니

- 벵갈의 한 예술대학 뒤뜰 나무그늘에
덩그렇게 모셔져 있는

이끼가 저렇듯 생생하니 저 돌덩이가
생불이겠니
이끼가 누렇게 시들어 죽는다고 생불이
아니겠니

이마와
콧등과
눈동자
제3의 눈
가부좌 튼
팔과
다리
겨드랑이에도
이끼이끼이끼이끼이끼이끼이끼이끼
이끼가피어……

·

당우 한켠의 황토담장에는 특이하게도 오래 묵은 **백화등** 줄기가 용틀임하며 기와로 올라 용마루까지 완전히 덮고 있다. 보기 드문 장면인데 오뉴월에 하얀 꽃이 피면 장관이겠다.

·

당우 옆의 암벽에는 보드라운 이끼로 잔뜩 덮

여 있고 듬성듬성 자라는 개고사리가 혓바닥을 아래로 **빼물고** 있다. 초록색 암벽 한 가운데에서 이리저리 뻗고 있는 진초록색의 **마삭줄**은 나대지 않으면서 암벽면에 무게를 얹어주고 있다.

·

한켠에는 옛날 우물이 숲에 내던져진 막사발처럼 앉아 있다. 우물자리는 움푹 들어간 곳에 산쪽은 돌로 축대를 쌓았고 물 뜨러 내려가는 길에는 돌계단을 냈다. 우물 위에는 건수가 우물로 들어가지 않도록 빙 둘러 배수로를 냈는데

거기에 연초록 이끼가 잔잔하게 깔려 있어 그 아래가 우물자리임을 선명하게 알려준다. 축대돌 사이에는 돌이끼, 사초, **콩제비꽃**, 고사리 등 습한 곳에 나는 식물들이 촘촘히 박혀 있다.

·

이 우물물은 근대의 경허-한암-탄허스님으로 이어지는 강백의 목젖을 축여 왔을 것이다. 더 오래 전엔 쌍계사를 창건한 의상대사의 제자인 대비스님과 삼법스님의 밥물로 쓰였을 것이고, 진감국사가 중국에서 차의 종자를 가져와 절

마삭줄

콩제비꽃

주위에 심은 후엔 찻물로 쓰였을 것이다. 지금
은 땅속의 물길이 막혔는지 물이 고이지 않는다.

·

쌍계사(雙溪寺)는 말 그대로 '지리산 깊은 골
에서 내리는 물이 합수하는 자리에 지어진 절'
이라는 뜻이다. 지리산 옥천골과 내원골이 합
수치는 계곡에는 늘 물이 많이 흐를 뿐만 아니
라 당우가 들어설 널찍한 자리가 그리 많지 않
았으므로 계곡 가장자리에 석축을 쌓아 보다
많은 평지를 확보해야 했다. 가는 곳마다 이끼
석축이 보이는 이유가 여기에 있다.

·

나무라고 예외는 아니다. 굵고 쭉 뻗은 전나무
밑둥치나 우람한 느티나무 줄기에는 이끼 옷이
입혀져 있어 원시의 숲에 들어간 느낌이 든다.
　쌍계사 골짜기는 깊어 물도 많고 나무그늘
도 많다. 그만큼 이끼도 많다 보니 자연스럽게
다양한 이끼 풍경을 연출한다. 사람들은 이끼
풍경에서 시원의 숲에 들어간 듯 청량감을 얻
는다. 근자에는 일부러 이를 조성하는 이도 생
겼다.
　정원에 습한 곳이 조금이라도 있으면 이끼
를 잘 살려볼 일이다. 쌍계사와 같은 여건을 갖
춘 곳이라면 더없이 좋은 이끼 풍경을 갖출 수
있을 것이다.

분황사

경북 경주시 구황동

부처꽃

분황사(芬皇寺) 주차장 앞의 넓은 저지에는 노랑코스모스와 **부처꽃**이 만발하였다. 때마침 안개가 자욱하여 파스텔톤의 꽃밭은 황룡사지로부터 반월성을 지나 요석궁까지 이어진다.

봄날의 로망으로 역사를 풀어내고 있는〈삼국유사〉의 저자 일연스님은 로맨티스트다. 원효는 분황사에서 〈화엄경소〉 등 방대한 저술활동을 했고, 원효가 세상을 뜨자 그의 아들 설총은 유해를 부수어 찰흙과 반죽하여 소상(테라코타)을 만들어 분황사에 모셔 두었다. 설총이 아침 문안 인사를 올리면 원효의 소상이 돌아보았다고 한다.

경내에 들어서니 바로 앞에 삼층으로 된 모전석탑이 우뚝 서서 옛일을 회고하고 있다. 분황사는 대한불교 조계종 제11교구 본사인 불국사의 말사이고 모전석탑은 국보 제30호로 지정돼 있다. 황룡사지와 잇닿아 있으며 선덕여왕 3년(634)에 건립된 것으로, 우리 민족이 낳은 위대한 고승 원효와 자장이 거쳐 간 절로 명성이 높다.

선덕여왕의 아버지인 진평왕 때부터 신라는 백제의 침략을 끊임없이 받고 있었지만, 군사적으로나 외교적으로 열세에 있어 이를 막아내기가 여간 버거운 것이 아니었다. 더욱이 선덕여왕은 왕위에 오르기는 했지만 왕권이 미약하여 당시 귀족들 가운데는 여왕의 통치를 반대하는 세력이 많았다. 이런 상황에서 민심을 모으고 정치적 안정을 기하기 위해 분황사를 건립하였고, 신라의 고승들이 차례로 머물며 절의 위엄과 명성을 쌓았다. 특히 643년 자장이 당나라에서 대장경의 일부와 불전을 장식하는 물건들을 가지고 귀국하자, 선덕여왕은 그를 분황사에 머무르게 하였다.

옛일을 상기하며 모전석탑을 한바퀴 돌다 보니 보도가 깨진 틈 사이에 노란 민들레가 피어 있다. 우여곡절을 겪은 끝에 삼국을 통일한 신라의 역사 속에는 민들레의 끈질긴 생명력이 들어 있다.

그러고 보니 분황사 주변에 민들레만 피어 있는 것이 아니다. 100여 평의 야생화밭이 조성돼 있는 경내에는 벌개미취, 층꽃나무, 패랭이, **눈개쑥부쟁이**, 용담 등 60여 종 3만여 본의 우리 야생화가 심어져 있어 분황사의 오늘에 또다른 생명력을 불어 넣고 있다.

요석공주도 이제는 **할미꽃**이 되어 담 모퉁이에서 소담스럽게 피어난다. 정다운 전설을 캐내던 이가 한마디 한다.

·

분황사 할머니

김광희

할머니, 재(齋) 지낸 분황사에
어여쁜 할머니꽃으로 부활했다
큼지막한 돌부처 옆에 엎드려
쉿, 할머니 집에 가요

저리 일찍 그 쪽으로 들어간 불두화며
상사화
경 읽느라 바쁘던 귀뚜라미 숨죽인다
발아래 수련중인 질경이가 이슬땀 흘린다
한 뼘 너머 팠는데 경전 같이 야문
땅덩어리 할머닐 잡고 놓지 않는다
육십 년 넘게 할머니 붙잡았던 바탕골 같다
놔 줘요 제발, 잘 모실게요
살기 힘든 곳일 수록 뿌리는 더 깊이
내린다고,
깊이 판다 수렁 같은 내 속을 판다
할머니, 발 좀 풀어요
아무도 안 본다고, 안 본다고 허둥대는
날 본다
돌부처가 지낸 내 엉덩일 서늘하게 한다
풍경이 군지렁 군지렁 주억거린다
부드럽게 간지럽히는 솜털피부! 할머닐
검은 비닐봉지로 눈 가려 나오는데
뒤 당겨 돌아본다 시침 뚝 떼는 모전탑 깊게
굽어보는 어둠, 별들 총총 따라 온다
서둘러 닫은
현관문 식구들 단내 환하다

·

일단의 사람들이 법당에 모여 행사 중인 것을 보니 오늘 무슨 재가 있는가 보다. 기웃거리며 지나치는데, 길모퉁이에 **큰꿩의비름** 한 무리가 보인다. 우산 모양의 홍자색 꽃 덩어리 여러 송

눈개쑥부쟁이

할미꽃

큰꿩의비름

전국 산지에서 자라는 돌나물과의 여러해살이풀로 무릎 위까지 올라올 정도로 키가 크다. 녹백색의 두꺼운 육질로 된 잎은 달걀 모양으로 귀엽고 건조에도 아주 강해 척박한 암석정원에 군락을 이루어 놓으면 잘 어울린다. 꽃에 향기가 있는 밀원식물이어서 꿀벌들이 많이 모여든다. 꿩의비름 종류는 꽃눈이 분화된 다음 바로 삽목해 분에 심어도 뿌리를 잘 내리므로 단기간에 소형분화를 만들 수도 있다.

배초향

이가 모여 법당을 쳐다보며 수근거리고 있다.

•

저쪽 은행나무 밑 작은 언덕 위엔 **배초향** 한 무리가 올라 있다. 배초향은 일명 '방아잎' 또는 '깨나물'이라고도 하며, 전체에서 강한 향기를 풍기는 방향성 식물이다. 전초에서 강한 향기가 나므로 잘 말려서 차로 이용할 수 있고, 생잎을 이용하며 생선 비린내를 제거하거나 육류 요리 시에 냄새를 없애는데 사용하면 좋다. 5~8월경 채취한 어린 싹과 잎은 날 것으로 또는 데쳐서 식용한다. 식물 전체를 생약으로도 이용하며, 매염제에 대한 반응이 좋아서 깊고 짙은 색을 표현하는 염료용으로 이용할 수 있다. 강건한 식물이므로 특별한 관리는 필요 없고 정원 주변 햇빛이 잘 드는 곳에 심어 관상하거나 절화용 소재로도 이용이 가능한 야생화다.

•

종각이 보이는 길가 나무 밑에는 맥문동의 진

보랏빛 꽃이 한창이다. 맥문동은 산과 들의 그늘진 곳에서 자라는 백합과의 여러해살이풀로, 좁은 잎 맥문동과 좀 더 넓은 잎을 가진 맥문동이 있다. 잎이 뭉쳐서 모여 자라는 특성이 있어 풍성한 느낌을 준다. 수염뿌리가 뿌리줄기에서 많이 나오며, 땅속의 수염뿌리 군데군데 방추형의 땅콩처럼 생긴 덩이뿌리가 생긴다. 꽃이 지고 난 9~10월에는 둥근 모양의 검자주색 열매가 조롱조롱 달려 보기에 좋다. 늘 푸른 잎을 가지고 있어 공원이나 화단에 관상용으로 많이 심는다.

•

작은 숲으로 들어가니 벌개미취가 군락을 이루고, 뒤편에는 재미있는 형상의 불상들이 놓여 눈길을 끈다. 아마 그것은 설총이 아버지를 불렀을 때 돌아보는 원효의 상을 표현하고 있는 것이 아닌가 싶다.

벌개미취는 우리나라에만 있는 한국 특산식물이다. 습지나 계곡 주변, 물이 많은 곳에서 자생한다. 환경적응성이 강하고 개화기간이 여름부터 가을까지로 길며, 한번 조성해 두면 번식력이 왕성해 이듬해부터 군락을 형성한다. 척박지나 건조한 곳에서도 잘 자라나므로 도로변 화단용 자생화로 가장 인기 있는 품목 중의 하나이다.

뒤뜰에는 잡초들이 우거져 녹색 밭인데, 밭 가운데 연분홍색 꽃송이가 얼핏 눈에 들어온다. 무릇이다. 무릇은 백합과의 여러해살이풀로 물굿, 물구라고도 한다. 2~3㎝ 정도 굵기의 알뿌리를 가지고 있는데, 길쭉한 잎은 이 알뿌리로부터 자라나오며 보통 2매씩 마주 보는 상태로 자리한다. 전국 각지에 널리 분포하며 산이나 들판의 풀밭 또는 둑과 같은 곳에 무리지어 자란다.

한때 무릇을 항아리에 담가놓고 꺼내어 먹던 시절이 있었는데, 맛은 약간 아리고 달착지근하다. 먹을거리가 부족한 시대에는 비상식량으로써 끼니를 채워주었고 어린 아이들의 간식으로도 소중히 여겨졌던 야생화다. 소나무 새순을 꺾어다 넣고 엿기름과 쑥을 첨가하면 맛있게 먹을 수 있는 영양식이었다.

경내를 한 바퀴 돌고 나니 다시 모전석탑이 있는 곳이다. 석탑 꼭대기를 올려다보니 처음엔 보이지 않던 와송이 나타난다. 여느 기와집이나 석벽에서보다 많은 와송이 자라고 있다.

분황사의 규모는 원효가 주석하던 때와는 비교도 안 되게 작아졌으나 곳곳에 다양하고 많은 야생화가 자라 쓸쓸한 기운을 가시게 한다. 원효의 노랫소리 대신에 야생화의 웃음소리가 들리고 있다.

미황사

전남 해남군 송지면 서정리

미황사(美黃寺)는 전남 해남군 달마산에 자리한 대한불교조계종 제22교구 본사인 대흥사의 말사이다. 장엄한 백두대간은 영암 월출산에서 기를 모았다가 서기산, 첨봉, 두륜산, 달마산을 거쳐 땅 끝에 가서 사자봉을 일군다. 중간의 달마산에 이르러서는 장장 12㎞나 되는 공룡의 등뼈 같은 산줄기를 빚는데, 호남의 소금강으로 불릴 만큼 빼어난 아름다움을 간직하고 있다. 아름다움, 이것은 인간에게 편견과 아집을 가져다주는 괴물이어서 빠져들면 고단해진다. 미황사에 가게 되면 마음의 고삐를 단단히 죄어 놓는 것이 좋다.

달마산은 지리산같이 웅장한 산은 아니다. 수백수천 개의 수석을 모아 진열해 놓은 듯한 그 모습은 이목구비가 또렷하고 아름다운 자태를 갖춘 여성을 연상케 한다. 그런가 하면 연속적으로 나타나는 삐죽삐죽한 산정과 좌우로 뻗은 능선들의 유려함은 매화꽃무늬 그려 넣은 한복과 같이 날렵하고도 푸근한 서정을 선사한다.

게다가 미황사에는 무수한 현상과 의미들이 여기저기 끼어들어 있어, 마치 천수천안관세음보살(千手千眼觀世音菩薩)의 모든 것이 이 절 안에 다 있다고 귀띔을 하는 듯하다. 달마산 미황사에 가면 천 개의 눈을 찾고 천 개의 손을 확인할 것이며, 열한 개의 얼굴이 어떻게 생겼나를 살펴 볼 일이다.

숙종 18년(1692)에 세운 사적비에 의하면

미황사는 신라 경덕왕 8년(749)에 의조화상
(義照和尙)이 창건했다.

그 뒤 1597년 정유재란 때 약탈과 방화로
큰 피해를 입어 선조 34년(1601)에 중창하고,
1660년에 3창했다. 1752년 금고(金鼓)를 만
들고, 1754년 대웅전과 나한전을 중건하였다.
근자에 들어서는 대대적인 불사를 일으켜 당
우를 규모 있게 새로이 짓고 요사채를 정비하
였으며, 템플스테이 및 산사음악회 등의 문화
활동을 통하여 지역문화 중심지로서의 역할도
수행하고 있다.

·

대둔사와 함께 해남의 2대 사찰로 알려진 미황
사의 대웅전은 조선 후기의 목조건물로서 보물
제947호이다. 축대를 쌓아올린 계단을 따라 올
라가면 대웅보전 앞마당에 이르는데 정면 3칸,
측면 3칸 규모의 단층 팔작지붕 건물이 웅장하
다. 대웅보전 지붕 너머로 보이는 산허리를 감
싼 숲과 병풍처럼 펼쳐진 바위암벽들이 연출하
는 수려한 산세는 미황사의 압권으로, 흡사 한
폭의 동양화를 펼쳐놓은 듯한 풍광이다.

·

대웅전 뒤쪽에 쌓은 축대 아래가 환하다. 분홍
색 꽃들이 줄기에 다닥다닥 붙어 있는 층층붓
꽃(글라디올러스) 한 무리가 주변을 밝히고 있

는 것이다.

층층붓꽃은 처녀로 죽은 이의 무덤에만 바치
는 꽃이라 하는데, 다음과 같은 전설 때문이다.

·

**옛날에 임종을 앞둔 공주가 왕에게 향수
병 두 개를 건네며 자기가 죽으면 절대로
이 병을 열어보지 말고 곁에 묻어 달라고
하였다. 공주가 죽자 왕은 공주의 유언대
로 시녀에게 그 병을 공주의 무덤 옆에 묻
어주라고 하였으나, 이 시녀는 너무 궁금
하여 그 병 하나를 열어 보았다. 그러자
병 속에 있던 향수가 모조리 날아가 버려
당황한 시녀는 급히 공주의 무덤 옆에 그
향수병 두 개를 묻어 놓았다. 다음해 봄
이 되자 향수병을 묻었던 자리에서 풀이
두 포기 돋아 나왔는데 한 포기에서는 좋
은 향기가 나는데 다른 한 포기에서는 아
무런 향기도 나지 않았다. 왕은 이 사실을
확인하고 시녀를 죽였다. 그랬더니 향기
가 없던 꽃에는 붉은 핏물이 번지고 잎새
는 왕의 칼날처럼 날카롭게 변했다.**

·

맞은편으로 올라가니 담쟁이덩굴이 위아래의
축대를 온통 덮고 있고, 그 가운데에는 역시나
한 무리의 층층붓꽃이 환히 반긴다. 미황사에

서는 불사를 크게 일으키면서 지형의 생김새에 따라 석축을 높직하게 쌓았는데, 아래에서 보면 당우들 사이가 붉은 돌로 가득하여 황량하게 보인다. 궁리 끝에 석축 밑에 담쟁이덩굴을 심어 봄, 여름에는 푸르고, 가을에는 붉은 단풍으로 물들게 되었다.

·

당우들 사이사이에는 높은 축대와 그 밑의 화단이 규모 있게 자리 잡고 있다. 대웅전을 끼고 오른쪽으로 돌아 나오니 축대 밑에 작은 연못이 하나 있다. 연못 속에는 노랑어리연꽃이 뜨거운 햇빛을 받으며 달걀 모양의 둥근 이파리를 물에 가득 띄우고 꽃 피울 준비를 하고 있다. 축대 돌 틈과 위에는 섬초롱꽃, 제비꽃들이 불규칙하게 자란다.

·

당우 앞마당에는 **수국**한 무리가 저 아래를 내려다보며 피어 있다.

예전부터 산자수명한 지형에 위치한 사찰에서는 초화류 식물 식재를 절제하였다. 또한 주변 산수의 경관을 차단하지 않도록 경내에 키 큰 수목을 밀식하지 않았으며, 식재하더라도 목구조 건축물의 내구성을 위해 전각 가까이에는 식재하지 않았다. 수국 아랫단에 식재한 매화나무와 같은 키 작은 나무를 즐겨 심은

것은 이러한 맥락에서 이해해야 한다. 겨울철 채광을 위해 낙엽수를 선호했으며, 통풍과 채광을 고려해서 밀식을 하지 않았다.

한국사찰은 건축지향적이고 일본사찰은 조경지향적이라는 특징을 갖는다. 그 영향으로 일본사찰은 오밀조밀하게 정원을 가꾸고 인공미를 가미하는 데 반해, 한국사찰에는 대웅전 마당에 꽃과 나무를 도입하지 않을 정도로 정원이 강조되지 않는다. 정원보다는 자연과의 조화가 한국사찰 조경에서는 화두인 셈이다.

전통적으로 한국사찰에서 식재하는 수목들은 가래나무, 소나무, 느릅나무, 무궁화, 감나무, 사시나무, 석류나무, 매화나무, 싸리나무, 골담초, 수국, 이팝나무, 자두나무, 대나무, 배롱나무, 불두화, 자목련, 멀구슬나무, 참나무류, 꽃무릇(석산), 찰피나무, 주목, 음나무 등이다.

미황사는 당우들이 많기도 하지만 다분히 계획적인 배치를 하다 보니 그리 복잡하지는 않다. 한참을 돌아다니다 보니 어느새 부도전으로 가는 길로 들어섰다. 숲 속으로 가는 길목에는 **춘란**이 자주 보인다.

달마산에는 향이 십리까지 퍼진다는 춘란이 가득하다. 춘란은 일명 꿩밥이라고 불리는데 겨울에 눈이 쌓여 먹을 것이 없을 때에 꿩이 캐어먹는다 해서 붙은 이름이다. 그만큼 자생지의 춘란이 풍부했는데, 요즘엔 채를 많이 해가서 점점 귀해지고 있다.

오솔길을 따라 걷자니 산새 지저귀는 소리

수국

범의귀과의 낙엽관목으로 원산지는 일본이다. 꽃은 중성화로 6~7월에 피며 산방꽃차례로 달려 풍성하게 보인다. 꽃잎처럼 보이는 꽃받침조각은 처음에는 연한 자주색이다가 하늘색으로 변하고 다시 연한 홍색이 된다. 서양으로 간 것은 꽃이 보다 커지고 연한 홍색, 짙은 홍색, 짙은 하늘색 등 색상도 화려하게 변화되었다.

춘란

한국의 춘란은 온대성 다년생 식물로
주로 남부 도서지방에 자생한다. 북한
계선은 충남 태안반도 남쪽인 안면도
와 경북 영일만을 연결하는 간성까지
로 알려져 있으나 이 선의 북쪽에서
도 발견되고 있다. 연평균 최적기온은
12~13℃이고, 1월의 평균기온은 0~2℃
로 비교적 온난한 지역이다.
해발 100~400m의 산중턱이나 야산
지대에 자생하며, 겨울철 기온이 높고
습기가 많은 곳이 적지이다. 높은 산에
서는 자라지 않는다. 침엽수 및 낙엽활
엽수나 상록활엽수의 숲 속이나 알맞
게 햇빛이 조절되는 동향과 남향의 완
경사지에 군생한다.

가 명랑하다. 길가의 소나무와 애기 동백의 무
직하고 정갈한 수피는 산죽에 묻혀 있고 후박
나무, 붉가시나무, 때죽나무들은 숲을 깊게 만
든다. 오랜 비바람에 마모된 부도들은 군데군
데 푸른 이끼가 묻어 있어 세월을 느끼게 하고,
검거나 희게 퇴색된 화강암의 회색빛은 저 세
상의 색인 양 기운을 가라앉힌다.

　사찰의 전통조경에 있어 야생화가 뚜렷한
자리를 잡은 경우를 보기는 드물다. 다만 고즈
넉한 산사에 수국이나 연꽃, 붓꽃, 불두화, 구
절초 등의 야생화를 심어 놓고 수행 중에 휴식
과 맑은 즐거움을 느낄 수 있도록 조원해 놓

은 곳은 많다. 근자에는 새로운 사찰을 건립할
때 경내를 온통 구절초로 조원한다든지 연못
을 파고 연꽃을 심는 등 우리 야생화를 접목시
키는 경우가 늘고 있다. 전통조경에서 야생화
를 주요소재로 다루고 있지 않다고 해서 이를
금과옥조로 떠받들 이유는 특별히 없을 것 같
다. 유서 깊고 아름다운 달마산 미황사의 당우
들 화단마다 매년 사시사철 야생화가 피어난다
면 스님들의 용맹정진을 방해하는 일이 될까?
좀씀바귀가 석축 아래서 노란 대열을 이루며
피어난다면 템플스테이하는 일반인들이 곁눈
질한다고 싫어할까?

백련사
전남 강진군 도암면 만덕리

흰꽃나도사프란

알뿌리에서 파 같은 잎이 총생하고 온실에서는 잎이 마르지 않으며 3~4월에 새잎으로 바뀐다. 7월부터 잎 사이에서 꽃줄기가 30㎝ 정도 자란 다음 끝에 한 송이의 꽃이 위를 향하여 피는데, 꽃 색은 백색이지만 때로 연한 홍색이 돌기도 한다. 응달에서는 반 정도 벌어지고 양지에서는 활짝 피며 밤에는 오므라든다. 6개의 꽃잎은 단정하고 규칙적으로 배열된다.

백련사(白蓮寺) 석축 위 화단에 **흰꽃나도사프란**이 횡으로 늘어서서 강진만을 내려다보고 있다. 흰꽃나도사프란은 남아메리카 원산인 수선화과 식물인데 어떤 연유로 남쪽 바닷가의 절집에 들어와 어엿하게 둥지를 틀고 있는 것일까? 그것도 전망 좋은 곳에 자리를 잡고 앉아 있는 것으로 보아 귀하신 몸으로 대접을 받고 있는 것 같으니 말이다.

절집에서 야생화를 기르는 일은 통상 있는 일이나, 이렇듯 특이한 야생화를 대하게 되는 경우는 흔하지 않다. 그저 수더분한 야생화 몇 종류를 심어 토속적이고 전통적인 사찰이라는 뉘앙스를 풍김으로써 신도들에게 내 집 안마당같이 편안한 마음이 들게 하려는 경우가 보통인 것이다.

•

뒤돌아보니 이 절의 진산인 만덕산은 짙은 녹색으로 가득하고, 그 아래 선 회색의 백련사 사적비는 옛날의 행적을 소상히 이르고 있다. 그러니까 흰꽃나도사프란은 비석을 등지고 강진만을 내려다보면서 무언의 말을 하고 있는 것처럼 보인다. 무슨 말을 하고 싶어 하는 것일

까? 보물 제1396호인 백련사 사적비를 보면 이 야생화에 관한 단서를 찾을 수 있을지도 모르겠다.

백련사 사적비는 높이 447m 규모의 전형적인 석비로 대웅전의 오른쪽 약 50m 떨어진 지점에 위치하고 있다. 두 눈이 험상궂게 생긴 거북 모양의 빗돌받침은 고려시대 최자(崔滋)가 찬한 원묘국사비의 귀부(龜趺)를 사용하였고, 비 머리는 용이 서로 얽혀 있는 모양이다. 비문은 19행으로 백련사의 중수, 원묘국사의 행적과 백련결사에 관한 내용 등이며 뒷면에는 이 비의 건립에 참여한 72명의 승명과 인명이 음각되어 있다.

사적비에 나와 있는 대로 백련사는 고려시대의 백련결사를 태동시킨 절이다. 백련결사는 고려시대 소수의 중앙 귀족과 왕족들이 독점한 불교를 지방과 대중들도 함께 공유할 수 있도록 불교계 제반 모순을 비판하고 개혁한 신앙결사 운동이다. 보조 지눌의 수선사결사(정혜결사)와 더불어 고려 후기 새로운 불교운동의 두 축을 이루었다.

백련결사를 주창한 요세 스님은 지혜력(知解力)을 갖춘 근기를 가진 자만이 수행의 대상으로 삼았던 당시 지식불교를 비판하고 비록 막중한 죄를 지어 스스로의 힘으로는 도저히 해탈할 수 없는 범부일지라도 부처님 전에 나아가 참회하고 수행하면 해탈할 수 있다고 설하였다.

백련결사의 담백한 구도와 교화정신을 흰 꽃나도사프란이 간결하고 곧은 이파리와 맑고 깨끗한 흰 꽃잎으로 암시하고 있는 듯하다. 흰 꽃나도사프란을 통해 어린 아이 웃음 같은 우윳빛 꽃으로 거듭나기만 한다면 누구든지 부처가 될 수 있다는 백련결사의 사지(社指)에 대한 상징이 아닌가 하는 것이다.

•

수국

뒷산 아래 당우 한쪽에선 차나무가 자라고, **수국**은 마침 그 보라색 꽃을 탐스럽게도 피웠다. 수행하는 이들에게 차는 구도(求道)의 도반(道伴)이다. 다선일미라고 할 만큼 차를 신성(神性)으로 이어지는 통로라고 보는 것이다. 초의선사가 '차의 신'이라 표현한 것도 이를 두고 하는 말이다.

초의선사는 〈동다송(東茶頌)〉이란 그의 저서에서 다음과 같이 차나무와 그 꽃을 칭송하고 있다.

•

뉘라서 참다운 차 맛을 알리요
달콤한 잎 우박과 싸우고
삼동에도 청정한 흰 꽃은
서리를 맞아도 늦가을 경치를 빛나게
하나니
선경에 사는 신선의 살빛같이 깨끗하고
염부단금(閻浮檀金)같이 향기롭고도
아름다워라

만덕산 일대는 야생 차나무가 무성하고, 또한 만경루 앞자락 3천여 평의 300년생 동백나무 숲은 남도의 서정을 짙게 풍긴다. 이러한 풍광은 자연스럽게 차 문화를 꽃피우게 하였다.

차나무 꽃은 그 모양이 단아하고 우유 빛깔 나는 흰 꽃잎은 담백하고 순결하다. 늦가을부터 피기 시작하여 11월에 절정을 이룬다. 11월 첫서리 맞은 꽃을 따서 급속 냉동 보관하였다가 얼린 꽃을 녹차 잔에 띄우면, 노란 황금 수술과 흰 꽃잎이 비치는 선경을 만나게 된다.

갸름하고 톱니가 있는 짙은 녹색의 이파리들 속에 하얀 꽃들이 피어 정담을 나누고 있는 모습을 보면 초겨울의 한기가 가셔진다. 뿐더러 날듯 말듯 순한 꽃내음은 현묘한 차 맛에 꼭 어울린다.

다산 정약용이 강진으로 유배를 온 이후 백련사의 아암 혜장스님과 차를 같이 해온 일은 너무나 잘 알려진 이야기다. 이곳에는 50년 전까지만 해도 '만덕산전차(萬德山錢茶)'라는 특수 가공된 녹차가 생산되었으나 지금은 사라지고 백련차가 그 맥을 잇고 있다.

차나무

차나무는 차나무과에 속하는 상록 소교목이다. 키가 10m까지 자라지만 재배하기 쉽게 가지를 치기 때문에 보통 1m 정도이다. 꽃은 11월경 잎겨드랑이 또는 가지 끝에 1~3송이씩 흰색 또는 연한 분홍색으로 핀다. 열매는 둥글고 모가 진 삭과로 익는데 다음해 꽃이 피기 바로 전에 익기 때문에 꽃과 열매를 같은 시기에 볼 수 있어 차나무를 실화상봉수(實花相逢樹)라고도 한다.
차나무의 어린잎을 따서 찌거나 열을 가해 효소의 작용을 억제시켜 말린 것이 녹차이고, 홍차는 차나무 잎을 적당히 발효시킨 것이며 오룡차는 녹차와 홍차의 중간 방식으로 만든 것이다. 차에는 카페인, 데아닌, 카테킨, 비타민을 비롯해 많은 무기염류가 들어 있어 인체에 유익하다.
차나무는 중국 사천성, 운남성 및 귀주성이 원산지로 중국에서는 약 2,400년 전부터 차를 음료로 마시거나 약으로 썼다. 우리나라에는 신라시대 때 당나라에 갔던 사신이 씨를 가져와 지리산에 심은 것으로 알려져 있다.

차밭을 둘러보고 대웅전에 이르니 배롱나무 꽃이 만발하여 대웅보전을 붉은 울타리 안에 가두었다. 백련사 대웅전은 조선 후기에 건립된 것으로 추정되는데 정면 3칸, 측면 3칸의 팔작집으로 겹처마인 다포식 건물이다.

가지런하고 장중한 지붕의 기와 위로는 쪽빛 하늘이 펼쳐지고 저 아래로는 강진만의 너른 바다가 그림같이 다가온다. 천년의 역사를 간직하고 있음에 비해 규모는 크지 않지만 주위의 빼어난 자연경관과 잘 어우러져 이곳에 들면 쉽게 세속을 잊을 듯하다.

대웅보전 앞마당에 서서 강진만을 내려다보니 바다이면서도 호수처럼 잔잔하다. 물이 빠지면 끝없는 갯벌이 펼쳐지는데, 밀물 때든 썰물 때든 한결같이 따뜻하고 부드러운 느낌이다.

대웅보전 오른쪽으로 내려오면서 축대를 뒤돌아보니 마삭줄이 축대 사이를 기어 올라간다.

마삭줄은 협죽도과의 늘푸른덩굴나무로 길이가 5m까지 자란다. 그러니 몇 년 지나면 축대 사이를 다 채우는 것은 물론 덮어버리고도 남겠다. 5~6월에 바람개비 모양의 흰 꽃을

피우고 진한 향기를 내는데 그 향기는 세상을 향해 말하고자 하는 사찰의 의지에 잘 어울린다.

•

당우들을 돌아 오른쪽으로 내려오니 동백숲 속으로 오솔길이 이어진다. 길 입구는 반짝이는 동백나무 잎으로 치장되어 누가 알려주지 않아도 으레 그 속으로 빨려들어 간다. 운치뿐만이 아닌 그 무엇이 사람을 흡인한다는 것을 누군가 알아챘다면 아마 감각이 탁월한 이일 것이다.

이 길은 백련사에서 다산초당으로 이어지는 길이다. 그러니까 불가의 학승이 유배된 대

유학자를 만나러 가던 길이었고, 불교와 유교의 통로였다. 백련사의 아암 혜장스님은 다산초당의 다산을 찾아 가사에 이슬을 묻혔고, 때로는 다산이 혜장을 찾아 도포자락으로 풀잎을 스쳤다.

•

듣건대 고해의 다리를 건너는 데 가장 큰 시주는 명산의 차 한 줌을 은근히 보내

주는 일이라 하오. 목마르게 바라는 뜻을 고려하여 베푸는 것을 잊지 마시오.

•

다산이 어느 날 혜장선사에게 차를 보내 달라며 보낸 편지인 〈걸명소(乞茗疏)〉의 마지막 구절이다. 이 글을 읽은 혜장선사는 부처님에게 올리려고 준비해 둔 비상용 차를 보내 주었다한다. 걸명소의 전체적 형식은 정중하지만 농담조의 내용을 담은 것으로 둘 사이의 친분이 돈독하였음을 나타내고 있다. 이러한 교류를 통하여 혜장은 불경 외에도 〈주역〉 등 유교의 경지를 접할 수 있었고, 다산은 불교와 차에 다가갈 수 있었던 것이다. 그러므로 이 길은 천하에 둘도 없는 길이 되었으니, 이 길을 알면 마음이 보이고 차향을 맡을 수 있는 것이다.

산사를 내려가는 길에선 늘 머릿속에 두 개의 상념이 교차된다. 내 안의 뭔가를 일깨웠다는 자각과 그게 뭔지 형상화가 되지 않는다는 몽롱한 의식이 그것이다.

다만 만덕산 백련사에서 느낀 것은 동백나무, 배롱나무는 차나무의 향기를 은근하게 하고 흰꽃나도사프란, 수국, 마삭줄은 백련결사를 일깨우게 한다는 것이었다.

전통조경
야생화

저자 기의호

초판 1쇄 발행 2008년 4월 30일
개정판 1쇄 발행 2017년 5월 24일

발행처 (주)주택문화사
발행인 이 심
편집인 임병기
출판등록번호 제13-177호
주소 서울시 강서구 강서로 466
전화 02-2664-7114(代)
팩스 02-2662-0847
출력 삼보프로세스
용지 영은페이퍼(주)
인쇄 신흥P&P주식회사

자매지
월간 전원속의 내집 www.uujj.co.kr

사진 변종석
디자인 Quiet dear
총판·관리 장성진

정가 30,000원

이 책은 (주)주택문화사와 저작권자의 계약에 따라 발행한 것이므로
본사의 서면 허락 없이는 어떠한 형태나 수단으로도 이 책의 내용을
이용하지 못합니다. 파본 및 잘못된 책은 바꾸어 드립니다.

CIP 2017010772
ISBN 978-89-6603-034-7

참고문헌

도시 상징성의 역사적 변천에 관한 연구(이규목 글) / 1986, 서울대 박사논문
동양조경문화사(정동오 저) / 1992, 전남대 출판부
양동마을 조사보고서 / 1979, 경상북도
양화소록(강희안 저, 이병훈 역) / 1989, 을유문화사
이조시대 정원의 수목과 배식에 관한 연구(변우혁 글) / 1976, 서울대 환경대학원
조선시대 정원의 원형(서울대 환경대학원) / 1990, 서울대출판사
조선조 정원의 원형 연구(유병림, 황기원, 박종화 공저) / 1988, 서울대 환경대학원 환경계획연구소
주거, 마을, 도시한경의 상징적 해석(김한배 글) / 1990, 월간 PLUS
하회마을 조사보고서 / 1979, 경상북도
한국 건축의 외부공간(안영배 저) / 1979, 보진재
한국민가의 지역적 전개(장보웅 저) / 1996, 보진재
한국의 명원 100선 / 1988, 내무부
한국의 민가(김홍식 저) / 1992, 한길사
한국의 옛 조경(정재훈 저) / 1991, 대원사
한국의 정원(정동오 저) / 1992, 민음사
한국의 정자(박언곤 저) / 1989, 대원사
한국정원문화_시원과 변천론(민경현 저) / 1991, 도서출판 예경
한옥의 조형(신영훈 저) / 1987, 대원사